設計技術シリーズ

ミリ波レーダ技術と設計
—車載用レーダやセンサ技術への応用—

［著］

北九州市立大学
梶原 昭博

科学情報出版株式会社

序　文

ミリ波は大容量データ通信や高分解能レーダ等への応用が研究され始めて久しいが、21世紀に入ってようやく本格的な実用化が見えてきた。その第一の理由はデバイス技術の発展で、従来からある化合物半導体を用いた電力増幅器や受信増幅器の性能改善、SiGeのような新デバイスが低価格で提供され、さらに100GHzまでであればCMOS（Complementary MOS: 相補型金属酸化膜半導体）によるRFモジュールの商品化の目途も経ってきたことが考えられる。第二の理由として無線通信の高速大容量化や新しい電波応用分野の普及に伴い周波数帯域が不足し、これまで余り使われることがなく、資源として未開拓なミリ波帯にシフトしたためである。一方、利用する側においては、ITS（高度道路交通システム）では全天候性や高精度測距性からミリ波レーダが大きく注目され、社会生活の中で身近に感じるようになった。特にミリ波が有する超広帯域性（高距離分解能と低電力密度）、小型・軽量性、低干渉性から高距離分解能の近距離センサシステムへの応用が期待できる。例えば、日常生活を防げることもない無拘束性と低プライバシー侵害性の観点から日々の居住空間での僅かな動きや変化を検知できるため、呼吸や拍動などのヘルスケア・モニタリング、浴室内などプライベート空間での見守り、屋内セキュリティなど様々なミリ波応用が俄に注目され始めている。第三の理由は無線局免許が不要な60GHz帯が開放され、また76GHz帯で連続して使用できる帯域幅が3GHzから5GHzに拡大し、これまでのマイクロ波レーダに比べて拍動など僅かな動きも捉えるようになったことも大きい。

このように近年のミリ波レーダのデバイス技術とソフトウェアの発展には目覚ましいものがあるが、ミリ波レーダに関する基礎データについてはあまり公開されていない。一方では、レーダ技術の民生への応用が活発になり、これまでマイクロ波を中心としたレーダ技術や設計に関する優れた専門書も出版されている。このような背景のもと、ミリ波レーダの最新技術を入門者にも理解できるような専門書が必要であると考えて本書を執筆した。なお、限られたスペースでの詳細な数式の導出や説明は困難であることから、数学的記述には最小限の数式を使用した。また詳細なレーダ技術の解説やレーダモジュールなどハードウェアと設計に関しては他の専門書に譲りたい。

本書ではまず、1章と2章でそれぞれ電波伝搬やレーダ技術の概要について解説し、3章でミリ波レーダ固有の伝搬特性やレーダ有効断面積について述べる。なお、これまでミリ波レーダに関する伝搬特性やレーダ有効断面積などは公開されていないこともあり、あまり知られていない。そのため3章では著者らがこれまで測定してきた実測結果を中心にマイクロ波や準ミリ波帯と比較しながらミリ波レーダの特徴について解説する。4章と5章では、具体的な応用例として車載用レーダやヘリコプタ搭載用障害物検知レーダについて紹介する。そして6章と7章では、今後新しい応用分野として期待されているプライベート空間での見守りセンサ技術やヘルスケア・モニタリングセンサ技術について解説する。

最後に、本書がミリ波レーダの入門者を始めとする研究者の参考になれば幸いである。

目　　次

序文

1．ミリ波の基礎

2．レーダの基礎

3．ミリ波レーダ

4．車載用ミリ波レーダ

5．高圧送電線検知技術

6．見守りセンサ技術

7．生体情報監視技術

1. ミリ波の基礎

1.1　電磁波と電波

電磁波は図 1-1 に示すように電界と磁界が互いに影響し合いながら空間を光と同じ速さで伝搬し、周波数によって伝搬特性が大きく異なる。光（赤外線、可視線、紫外線、X 線）も電磁波の一部であり、暖房器具が発する赤外線は暖かく感じ、可視光は人間の目に感じる波長の電磁波である。また紫外線は殺菌作用や日焼けを起こす作用があり、X 線は物質を透過する性質がありレントゲン撮影などに用いられている。一般に電磁波で周波数が 3THz (3×10^{12}) 以下のものを電波と呼んでいる。電波もまた図 1-2 に示すように周波数の違いによってマイクロ波やミリ

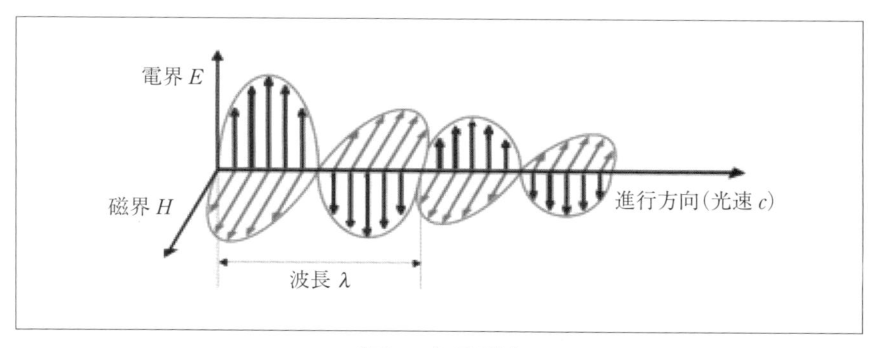

〔図 1-1〕電磁波

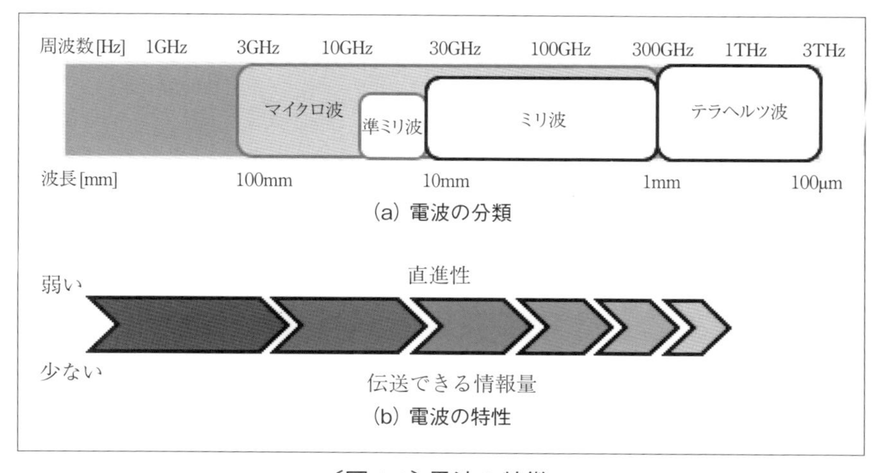

(a) 電波の分類

(b) 電波の特性

〔図 1-2〕電波の特徴

波、テラヘルツ波と分類され、伝送できる情報量や伝搬特性が異なる。

電波伝搬は回路やデバイスなどとは異なり、人為的に制御することができない自然現象であり、特にレーダでは目標物（物標）だけでなく、様々な障害物からの散乱波をも前提としているためそのメカニズムはより複雑である。実際に電波が照射された場合には、図1-3に示すように電波は、反射や透過、回析（回り込み）を受けて伝搬していく。もし、進行方向に障害物が何もなければ電波は直進するが、障害物などがあれば電波は障害物によって反射や透過、回折を繰り返しながら様々な方向に伝搬する。このような反射や透過、回折などの電波の伝わり方は周波数によって異なる[1]。

(1) 反射と透過

電波が、図1-4のように異なる媒質に入射すると境界面（反射面）で入射波が反射および透過する。ここでεは誘電率、μは透磁率である。また境界面が滑らかであれば入射角と反射角は等しくなる（スネルの法則）。なお、境界面が平坦と見なせるか否かは、次式に示すレイリの粗さ基準の大小により判断される[2]。

$$r_{ough} = \frac{4\pi\sigma_h}{\lambda \cdot \sin\theta} \quad \cdots\cdots \quad (1.1)$$

・媒体の特性が変わると反射と透過が起きる

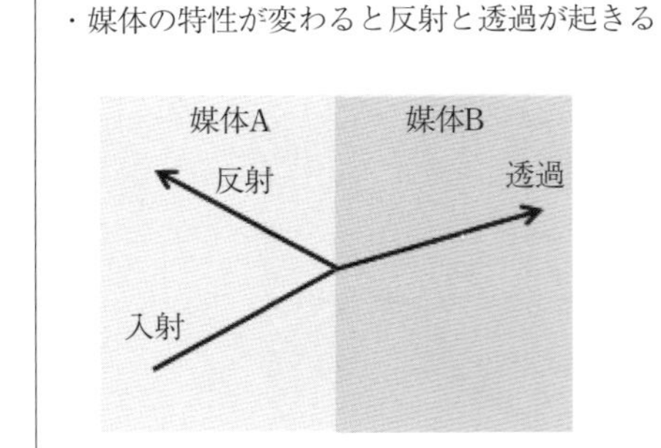

・電波は、障害物を回り込む(回折)
・波長が長くなると回折は大きくなる

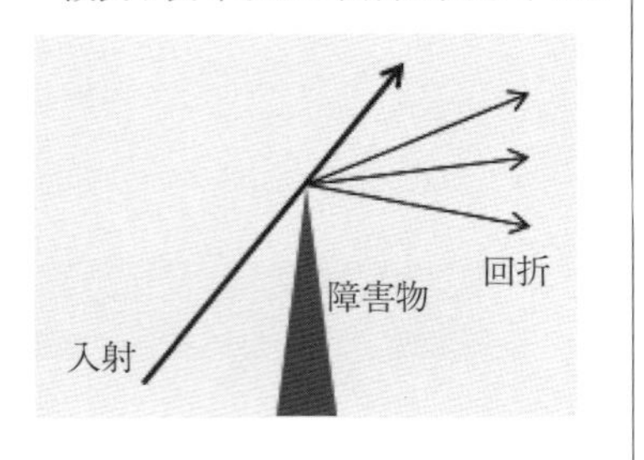

〔図1-3〕電波伝搬の基本特性

ここでは σ_h は第フレネルゾーン内の起伏量の標準偏差、θ は面の法線方向から測った入射角である。

r_{ough}<1 であればコヒーレント成分が卓越し、境界面はフラットであると見なせるが、r_{ough}>1 ではインコヒーレント成分が卓越し、境界面はラフであるとみなす。例えば、1GHz 以下のマイクロ波帯（波長が 30 ㎝以上）ではアスファルト路面はフラット（r_{ough} <1）であるとみなせるが、ミリ波帯ではラフ（r_{ough}>1）であることが多い。このためマイクロ波帯レーダがミリ波帯にそのまま適応できるとは考えられない。

一般に、反射係数は反射波に対する入射波の振幅比で表示され、入射波の偏波状態によって異なる。ここで反射物との境界面が平坦で、一様の誘電率を有するとみなせる場合には、同図にある垂直偏波の入射波での反射係数 Γ_v は次式で与えられる。

$$\Gamma_V = \frac{\varepsilon_r \cos\theta_i - \sqrt{\varepsilon_r - \sin^2\theta_i}}{\varepsilon_r \cos\theta_i + \sqrt{\varepsilon_r - \sin^2\theta_i}} \quad \cdots\cdots\cdots\cdots \quad (1.2)$$

ここで、θ_i は入射角、また $\varepsilon_r = \varepsilon_2/\varepsilon_1, \mu_r = \mu_2/\mu_1 = 1$ と仮定している。

同様に図の水平偏波での反射係数 Γ_H は次式で与えられる。

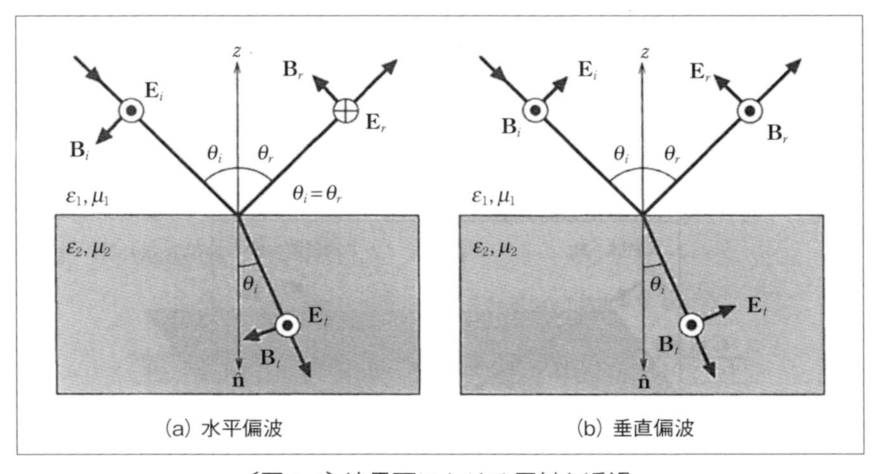

〔図 1-4〕境界面における反射と透過

$$\Gamma_H = \frac{\cos\theta_i - \sqrt{\varepsilon_r - \sin^2\theta_i}}{\cos\theta_i + \sqrt{\varepsilon_r - \sin^2\theta_i}} \quad \cdots\cdots (1.3)$$

式（1.2）と（1.3）はフレネルの反射係数または散乱係数と呼ばれ、電磁波散乱の基礎となる式である。

同様にフレネルの透過係数は次式で与えられる。

$$T_V = \frac{2\sqrt{\varepsilon_r}\cos\theta_i}{\varepsilon_r\cos\theta_i - \sqrt{\varepsilon_r - \sin^2\theta_i}} \quad \cdots\cdots (1.4)$$

$$T_H = \frac{2\cos\theta_i}{\cos\theta_i - \sqrt{\varepsilon_r - \sin^2\theta_i}} \quad \cdots\cdots (1.5)$$

水平偏波では、透過係数と反射係数には $T_H+(-\Gamma_H)=1$ の関係がすべての入射角に対して成立するが、垂直偏波では $T_v+\Gamma_v=1$ の関係は入射角が $\theta_i=0$ のみ成立する。

(2) 回折

遮蔽されてもすべての電力が遮蔽されるわけではなく、ホイヘンスの原理に従って遮蔽物の端部により回折が生じて一部の電力が到来する。単純な回折モデルとして、図 1-5 に示すナイフエッジ回折モデルが用いられている。遮蔽の度合いを表す回折パラメータ v を次式のように定義する。

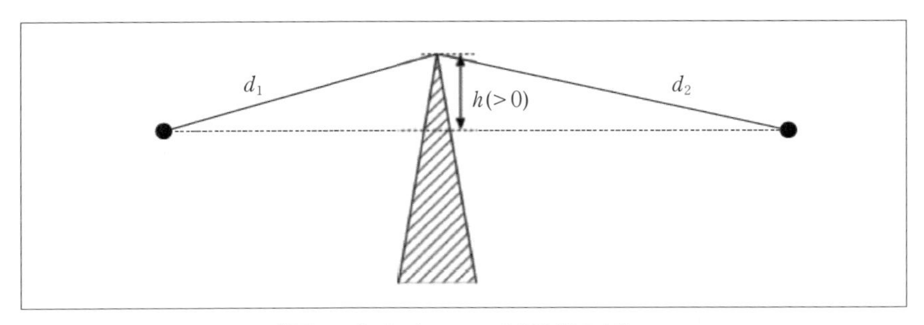

〔図 1-5〕ナイフエッジ回折モデル

$$v = h\sqrt{\frac{2}{\lambda}\left(\frac{1}{d_1}+\frac{1}{d_2}\right)} \quad \cdots\cdots \quad (1.6)$$

なお、v はフレネルゾーンの次数 n との間に次式の関係がある。

$$v = \sqrt{2n} \quad \cdots\cdots \quad (1.7)$$

v に対するナイフエッジ回折損を図 1-6 に示す。

v=0 のとき、見通し成分（コヒーレント成分）の半分が遮蔽されるので、損失は 6dB となる。また、第 1 フレネルゾーンを遮蔽すると、損失は約 16dB となる。なお、見通しが遮られる場合の回折損失は次の式で近似できる。

$$J(v) = 6.9 + 20\log\left(\sqrt{(v-0.1)^2+1}+v+0.1\right) \quad \cdots\cdots \quad (1.8)$$

v の定義から明らかなように、同じ値であっても周波数が高くなるほど値が大きくなるので、回折損失が増加する。高い周波数ほど影領域での減衰が大きくなる根拠はここにある。

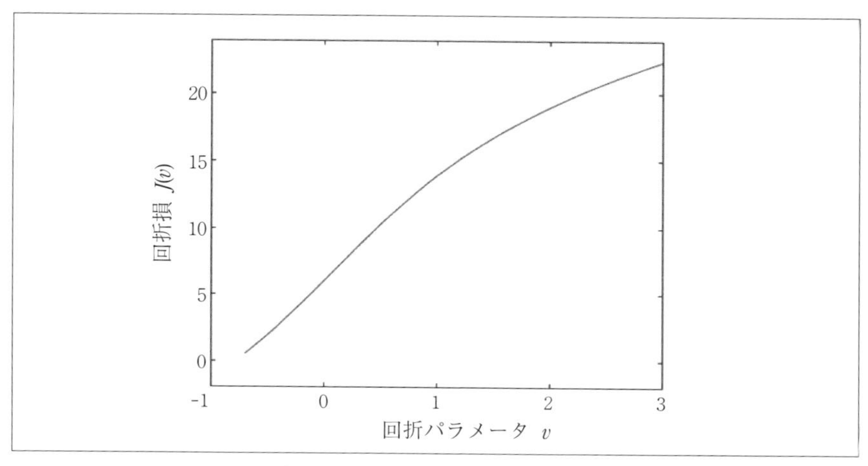

〔図 1-6〕ナイフエッジ回折損

1．2　電波の大気減衰

電波は、大気中の酸素や水蒸気などの気体により吸収されたり、霧や雲、雨、雪などにより散乱して減衰したりする。波長が短い（周波数が高い）と大気中の気体に吸収され、送受信間で減衰する。一般に、10GHz以下の低い周波数（航空管制レーダや船舶レーダ、無線通信で利用されている周波数）では、酸素や水蒸気等の気体による吸収はほとんど無視できる。雨や雪の場合では、雨滴が大きくなると散乱が急増し、減衰が起きる。なお、波長が長くなると回折損は小さくなるが、散乱による影響は少なくなる。このようにレーダでは、波長が長い場合には散乱による減衰が少なく、遠くまで探知することができるが、十分な周波数帯域を確保することが難しいため物標の距離分解能が悪くなる。逆に波長が短くなると、空気中に含まれる水蒸気や雲・雨などに吸収・反射され易いので減衰が大きくなり、最大検知距離が短くなる。従って、遠方の物標をいち早く検知する必要がある航空管制レーダや船舶レーダでは周波数が10GHz以下の低い周波数を用い、物標の形や大きさ、速度などを高精度に測定する車載用レーダや射撃管制レーダなどでは、周波数が高い電波を用いる傾向がある。

上述したように、晴天時の大気による減衰は主として酸素と水蒸気に起因する吸収が顕著である。図1-7はITU-R P676-6に従って算出した1気圧、気温20℃における乾燥大気、7.5g/m^{3}の水蒸気密度（絶対湿度）における水蒸気成分及びこれを含めた湿潤大気の減衰を示している。ここで乾燥大気における減衰は酸素による吸収が主たる要因であるが、湿潤大気における減衰では酸素と共に水蒸気による吸収が主な要因である。特にミリ波帯の減衰特性は大気中の様々な原子や分子による吸収などのために高度や季節、場所によっても異なり、非常に複雑である。例えば、酸素による吸収では60GHz帯で顕著で、ピークでは15dB/kmに達するが、水蒸気による吸収では22GHz帯をピークに水蒸気密度に比例して増加していく。また同図においてマイクロ波帯からミリ波帯にかけて酸素及び水蒸気による吸収線が数本存在している。現在、吸収線と吸収線の間で減衰が相対的に少ない電波の窓と呼ばれる周波数帯域が衛星搭載レーダや電波望遠鏡などで用いられている。従って。電波の窓における大気減衰は降雨による減衰に比べると小さいが、周波数とともに増加するためミリ波以上の周波数帯を利用する通信やレーダでは回線設計上無視できなくなる。

図 1-8 は ITU-R に従って算出した降雨量をパラメータに対する減衰量を示している。波長が 3cm 以下となる 10GHz 以上の周波数帯では、最大直径が 5mm 程度となる降雨時の雨滴による吸収や散乱に起因する減衰が最も大きな問題となる。一般に降雨減衰の影響は年間累積時間率で評価される。例えば、11.7GHz での減衰は年間 0.1% と 0.01% の時間率に対してそれぞれ約 2dB と約 7dB を越え、また 19.45GHz では年間 0.1% と 0.01% の時間率に対してそれぞれ約 6dB と約 15dB を越えることが報告されている。なお、降雨減衰は伝搬する電波の偏波面にも依存

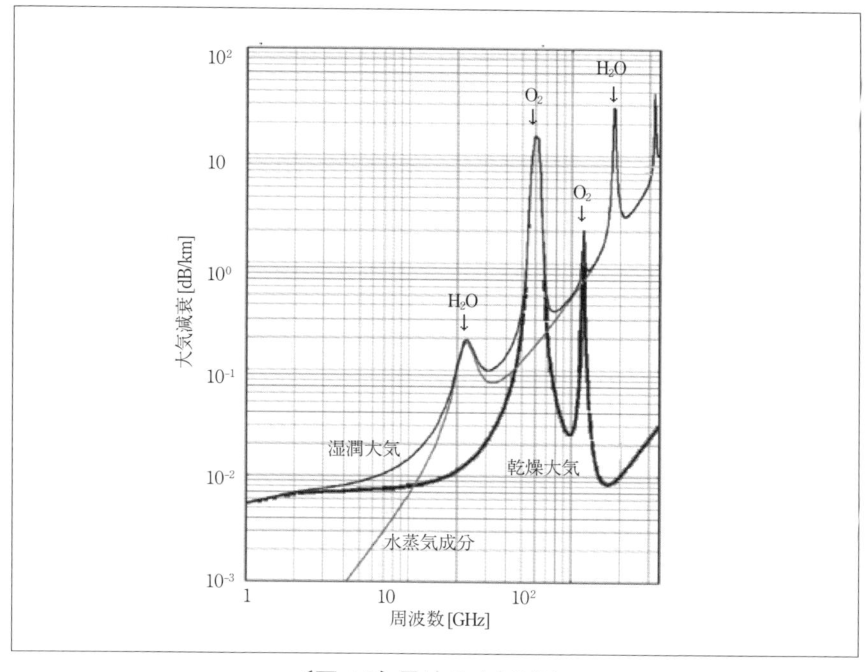

〔図 1-7〕電波の大気減衰

しており、落下時の雨滴の断面が地上に対し水平に潰れるために水平偏波のほうが垂直偏波よりも数 dB 減衰する。そこで気象レーダ（偏波レーダ：Polarimetric radar）では垂直偏波と水平偏波の 2 種類の電波を発射し、雨滴の形状を利用してそれぞれの電波の反射率の差から降水強度を求めている [3][4]。

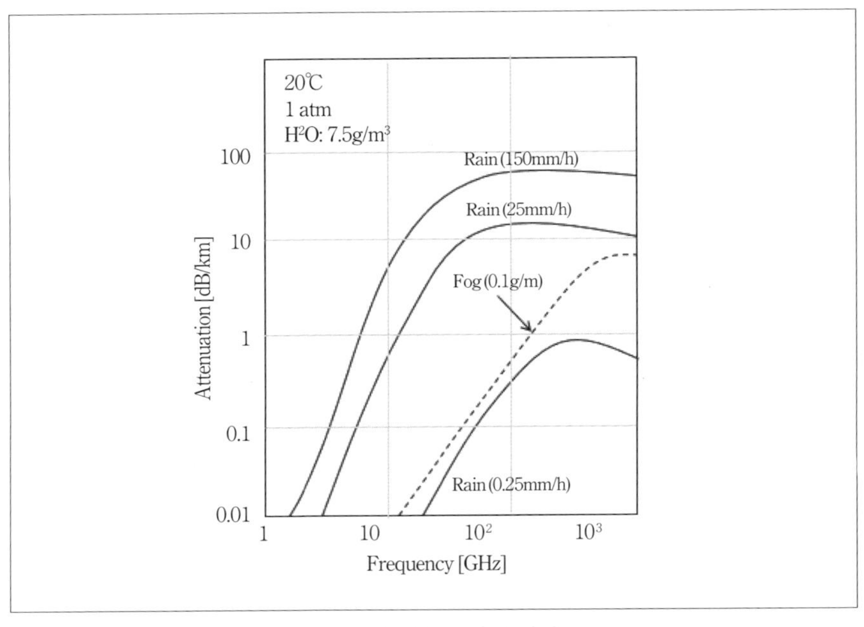

〔図 1-8〕電波の降雨減衰

１．３　ミリ波の特徴と応用

ミリ波は、図1-2に示したように30GHz～300GHzの周波数であり、波長は10mm～1mmと非常に短い。ミリ波は次に述べるように波長が1㎝以下のマイクロ波と比較して様々な特徴がある。

①大気や壁などによる減衰が大きく直進性が強いため、電波の到達距離が短い。これは、かつては短所と考えられていたが、近距離で使用する無線通信やレーダ（電波センサ）では逆に長所となる。例えば、少し離れていれば他の無線システムへの与干渉が小さくなり、また同じ周波数を繰り返し用いることも可能となるため周波数使用効率が高い。この特徴は、屋内で室内毎に超広帯域（Ultra-wide band：UWB）を使用する近距離電波センサなどに適している。

②一般に回路やアンテナのサイズは波長に依存する。このためミリ波を用いることにより回路やアンテナ一体型モジュールの小型化が可能になる。

③ミリ波は広い帯域幅を利用できる。一般に、レーダの距離分解能（測距精度）は帯域幅の逆数になるのでミリ波レーダでは高距離分解能化を実現できる。

これまでミリ波は直進性と耐環境性に優れているためセンサに応用する研究は歴史があり、近年になり社会的な要求でもある交通事故の予防や被害軽減のために車載用レーダが実用化されている。また79GHz帯は広い帯域幅を利用できるため生体情報センサへの応用も検討されている[5][6]。

ミリ波は軍事目的や衛星による地球観測、企業向けの高速通信などに利用されていたが、民生用として長い間、実用化されなかった。そのため高い周波数帯の開発はマイクロ波までで停滞し、その後はミリ波やテラヘルツ波を飛び越えて光へとシフトした。その理由の一つとして、ミリ波を用いた通信やレーダは到達距離が短く、また動作する安価なデバイスがなかったためである。しかし21世紀に入り、携帯電話や無線LANの拡大など電波の利用が急速に進み、周波数帯の枯渇が懸念されるようになり、新たな電波資源としてミリ波が再び注目されるようになった。特に100GHz程度であればCMOSによるデバイスが低価格で提供されるようになったことも大きな要因の一つである[7]。

近年、車載用ミリ波レーダは、赤外線やカメラなど他のセンサと比較して感度が優れ、また霧や雪などの耐環境性に優れているため安全走行支援や自動運転には不可欠なシステムとなっている。利用可能な主なミリ波帯の周波数割り当てを表1.1に示す。現在、ミリ波レーダとして利用可能な周波数帯は76GHz（500MHz帯域幅）と79GHz帯（4GHz帯域幅）である。特に79GHz帯は4GHz帯域が利用できるため4～5cmの距離分解能を実現できる。このため航空機や船舶などを検知する従来のレーダと異なり、歩行者や道路の路面状況の監視、人の生体情報の推定などが可能になる。また各自動車メーカは、図1-9に示すように車両前方だけでなく、斜め後方、斜め前方など周辺を監視するために複数のミリ波レーダの搭載が各国で計画されている。他の例では、最近頻発している局地的な豪雨（ゲリラ豪雨）の予測に使われているXRAINにも、ミリ波レーダが使われている。レーダから発射された電波は雨雲で吸収されるため雨雲で微弱に反射される電波強度から雨雲の位置が特定できる。XRAINは従来のマイクロ波レーダに比べ5倍の頻度、16倍の分解能での観測が可能であり、雨量の推定精度も高いため、ゲリラ豪雨の早期発見・監視を担うものとして期待されている。

〔表1-1〕利用可能なミリ波割り当て

	24GHz帯	60GHz帯	76GHz帯	79GHz帯	94GHz帯	140GHz帯
日本	21.65-26.65	60-61	76-77	77-81		
欧州	21.65-26.65		76-77	77-81		139-140
米国	21.65-26.65		76-77		94.7-95	
ITU-R		60-61	76-77	77-81		

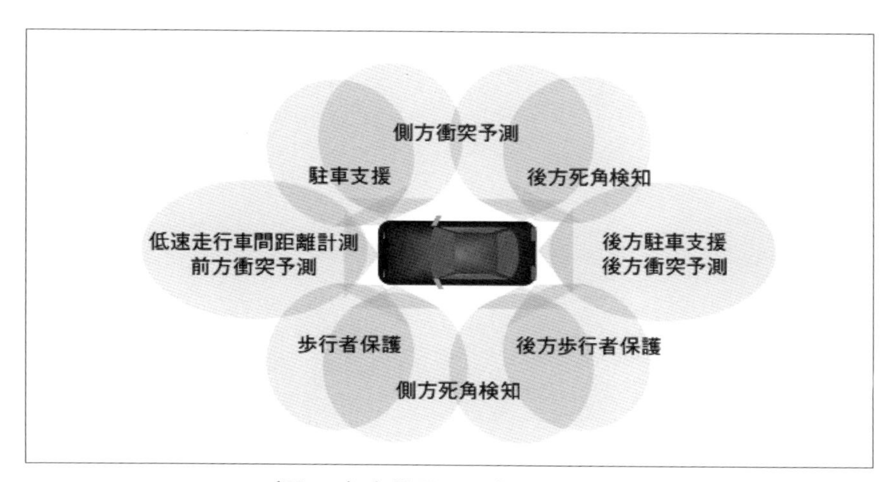

〔図 1-9〕車載用ミリ波レーダの例

参考文献

[1] 細矢良雄，“電波伝搬ハンドブック” リアライズ社，1999

[2] 大内和夫 ,“リモートセンシングのための合成開口レーダの基礎 ,” 東京電機大学出版局 , Jan. 2004.

[3] N.Currie, “Radar Reflectivity Measurement” , Artech House, April 1995.

[4] N.Currie, C.Brown, ” Principles and applications of millimeter-wave radar,” Artech House, USA, Apr. 1987.

[5]“ミリ波最前線 - 無線 LAN からデータセンター，自動車，移動通信まで” 日経 BP 社，2014 年

[6] 大橋洋二，“車載用ミリ波レーダ最前線,”
https://www.nmij.jp/~nmijclub/denjikai/bak/secret/181920/20-3.pdf

[7] 藤島実，“ミリ波 / テラヘルツ CMOS 回路の最新動向,” 信学技報 MWP，111 (271)，2011 年 .

2.

レーダの基礎

レーダ（RADAR）という呼称は、Radio Detection and Ranging からきたアクロームで、電波を発射し遠方にある目標物（物標）を検知し、そこまでの距離と方位を測る電波検知装置である [1]。レーダは、人間の目に見えない、遠方の物標を素早く検知し、位置を求めることができる [1]-[3]。さらにカメラなど光学センサや赤外線センサと異なり、夜間や霧、雨、スモッグ等にあまり影響を受けずに物標を検知することができる。しかし、レーダは人間の眼と比べると解像度が劣る。例えば、眼では小さな船、飛行機を見つけて識別することができるが、レーダではこのような小さな物標は粗い点としか映らない。今日では、航法管制、地球観測、気象観測等のリモートセンシング、地中埋没物の検知、移動体の速度計測、障害物検知および防衛などの多くの分野で活用されている [2]-[9]。

ここでレーダシステムの構成要素とその基本動作について解説し、目標検知性能の算定に用いられるレーダ方程式を導出する。またレーダに求められる測角精度と測距精度を決める角度分解能と距離分解能について説明し、これらの精度を高度化するための技術について概説する。

2．1　構成要素と動作原理

(1) レーダシステムは、主に以下のような簡易なブロック図で構成されている。

・送受信アンテナ部：電波を効率よく物標に放射し、反射波を捉える装置

・信号処理部：受信したデータ列を検出や測距など目的を達成するために行うソフトウェア処理

・検波部：受信波を信号処理しやすい信号形式に変換する装置（図2-1 (a)では、受信波との直接検波）

ここで、送信波は、距離と速度を測定するために変調されており、受信した反射波は受信波によって検波されて、信号処理される。角度検出については、アンテナビーム走査やモノパルスによって到来波の角度を推定している。

例えば、レーダではパルス波（矩形波）を図 2-1 (b) のように物標方向に照射し、その反射信号から物標までの距離などの情報を検出する。また1つのアンテナで送信と受信の動作を交互に切り替えることもできる。またレーダはパルス波を一定の周期で繰り返して送信するが、パルス幅や繰り返し周期は検知したい距離によって決まる。例えば、パルス幅が 0.8 μ 秒、パルス繰り返し周波数が 840Hz とした場合にはこれは 0.8 μ 秒幅のパルスを、1秒間に 840 回も送信と受信を繰り返していることになる。

実際のシステムでは、受信信号は LNA（低雑音増幅器）により微弱な信号を回路が動作できる信号レベルに増幅される。

(2) 最大検知距離と最小探知距離

レーダには様々な方式があるが、基本的な方式として図 2-2 に示す短いパルスを断続的に送受信するパルスレーダを例題として説明する。パルスを照射し、反射波が受信されればパルスの照射時刻と受信時刻との差である送信パルスの往復時間から物標までの距離 R を計算する。例えば、物標の距離を R_T とするとパルス往復時間 $\tau_T=2R_T/c$ となるため往復時間 τ_T から距離 R_T は $c\tau_T/2$ となる。しかし、物標がより遠方の位

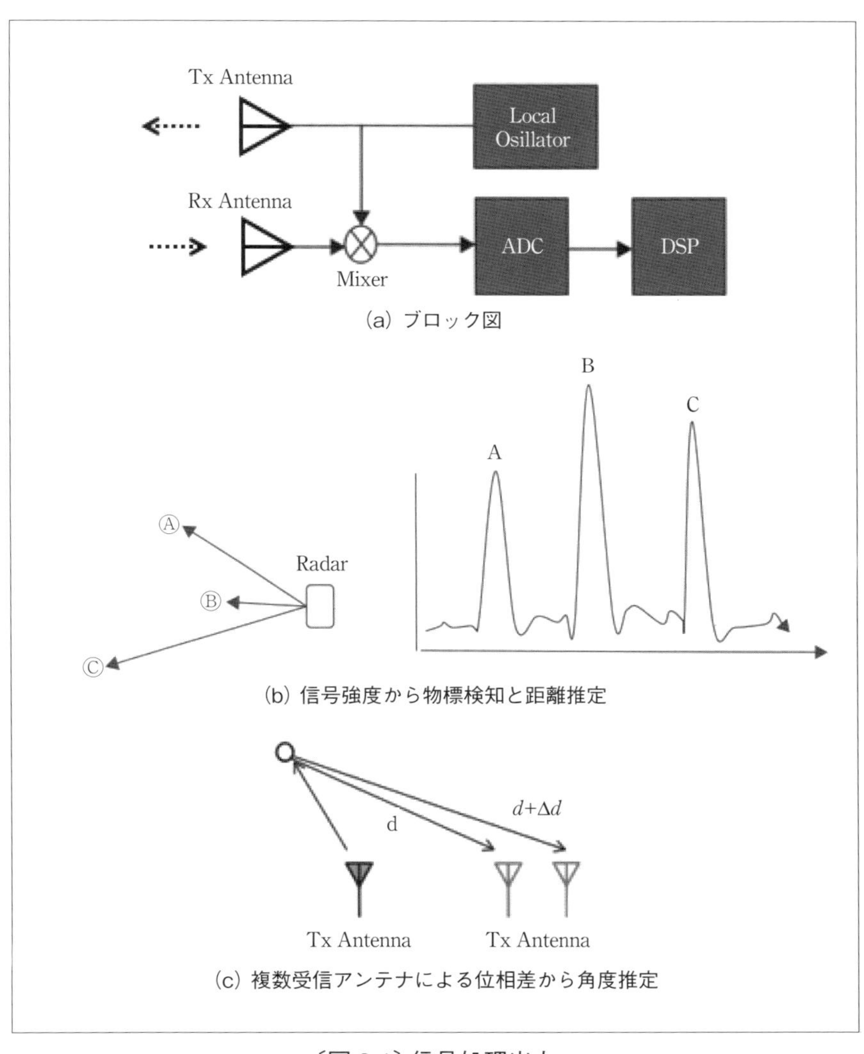
Tx Antenna
Local Osillator
Rx Antenna
ADC
DSP
Mixer
(a) ブロック図
B
C
A
Ⓐ
Radar
Ⓑ
Ⓒ
(b) 信号強度から物標検知と距離推定
d+Δd
d
Tx Antenna
Tx Antenna
(c) 複数受信アンテナによる位相差から角度推定

〔図 2-1〕信号処理出力

置にあるとすると、物標からの反射波は次の送信パルスの観測時間に現れ、間違った距離を誤認する。この現象は二次エコーと呼ばれ、この距離のあいまいさを防ぐために。最大探知距離は次式で表され、パルス繰返し周期 T_r によって決まる。

$$R_{max}=\frac{c\cdot T_r}{2} \quad \cdots\cdots (2.1)$$

一方、最小検知距離は、近くにある物標を探知できる最小の距離で、電波を出している間は受信できないため最小検知距離はパルス幅で決まる。つまり、送信電波のパルス幅を狭くすれば小さくすることができるが、その結果として受信機の帯域幅を広げる必要がある。

(3) 距離分解能

同一方向にある二つの物標を識別することができる最小の距離である。距離分解能は、次式のようにパルス幅を狭くすれば小さくすることができる。

$$R_{min}=\frac{c\cdot \tau}{2} \quad \cdots\cdots (2.2)$$

しかし、パルス幅を小さくすると送信電力（SN 比）が小さくなるため、遠方の物標を検知できなくなる。そこで FM-CW や FCM のようなチャ

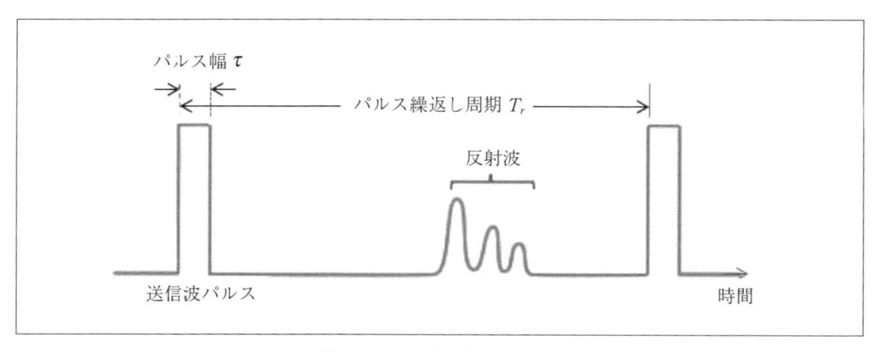

〔図 2-2〕パルスレーダ

ープレーダ方式がある。チャープレーダは送信波として連続波を使用するのでパルスレーダのように高い送信出力がなくても所望のSN比を得ることができる。

(4) 方位（角度）分解能

同一距離にある方位の異なる2つの物標が識別できる最小方位角で、主にアンテナの水平面内の指向性によって決まる。方位分解能を向上させるためには、アンテナの水平ビーム幅を狭くすればよいが、このためにはアンテナの水平方向の開口面を大きくしなければならない。一般に、アンテナの指向性は、最大放射方向の電力の1/2以上である幅（角度）として定義されており、これをビーム幅（3dB半値幅）という。開口面アンテナの指向性の3dBビーム幅は次式で表される。

$$\theta \cong \frac{70 \cdot \lambda}{D} \quad [^\circ] \quad \cdots\cdots \quad (2.3)$$

ここでDはアンテナ開口面の直径、λはレーダ波長である。

例えば、観測衛星レーダなどで用いられているX帯（8～12GHz）レーダでは水平300cmの長いアンテナがあるが、この場合の水平ビーム幅は0.75度と極めて鋭い。また、逆にビーム幅が広いレドームタイプのアンテナでは、水平長40cmという超小型のものもあるが、水平ビーム幅は5.7度と広くなる。

2．2　レーダ方程式

(1) レーダ方程式

電波が物標に照射されると様々な方向に散乱する。特に後方散乱は物標の表面形状や粗さ、材質、波長に対する大きさ、周波数、入射角、偏波などにも依存する。

図 2-3 (a) のように対向する送受信アンテナの通信伝送モデルを考える。ここで、送受信アンテナ間の距離 R、送受信アンテナの利得を G_t、G_r、波長 λ、そして送信電力 P_t が与えられればフリスの伝達公式より次式のように受信電力 P_r が得られる [10]。

$$\frac{P_r}{P_t} = G_t G_r \left(\frac{\lambda}{4\pi R}\right)^2 = \frac{G_t G_r}{L_d} \quad \cdots\cdots (2.4)$$

ここで、L_d はフリスの自由空間伝搬損と呼ばれ、次式のように距離の二乗に比例し、波長 λ の二乗に反比例する。

$$L_d = \left(\frac{4\pi R}{\lambda}\right)^2 \quad \cdots\cdots (2.5)$$

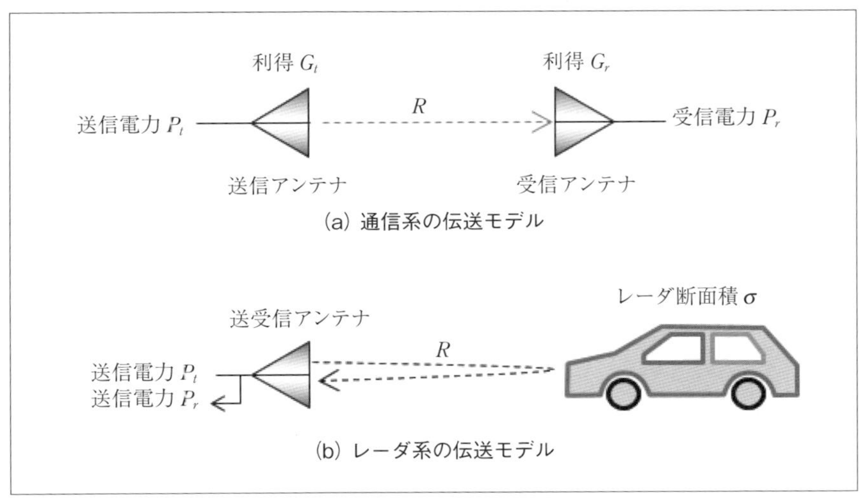

〔図 2-3〕送受信アンテナ間の伝送モデル

一方、図（b）のように送受信アンテナから距離Rだけ離れた位置に物標があるレーダ計測モデルを考える。

物標に照射された電波はあらゆる方向に電波が散乱されるが、その指向性を考慮した物標のレーダ後方散乱断面積（以下、レーダ断面積）をσ[dBsm]とおくと散乱波の受信電力は

$$P_r = \frac{G^2\lambda^2\sigma}{(4\pi)^3 R^4}P_t \quad \cdots\cdots \quad (2.6)$$

これがレーダ方程式で、電力的に見たレーダの基本式である。なお、σは物標への入射電力に対する反射電力の大きさを仮想的な面積として定義している。

式（2.6）から電力が距離に対してR^{-4}の割合で減少する点が通信と異なる点である。従って、無線通信システムと比べて受信電力が小さくなるためレーダでカバーできるエリアは制限される。またR^{-4}の距離依存性は原理上避けることはできないので、遠い距離にある物標を検出するために遠方ほど受信機の感度を高くするようなSTC（Sensitivity Time Control）技術が使われている[1]。つまり、時間と共に受信機の増幅率を変えるような技術である。

図2-4（a）の周囲環境で前方を走行する車両に電波を照射した場合の受信電力（レンジプロファイル）を同図（b）に示す。ここで受信信号は1GHzの帯域幅に相当するレンジビン毎（15 ㎝）の反射波から構成されており、その離散的な強度分布で表示している。同図には車両からの反射波だけでなく、建物や路上からの多くのクラッタが含まれており、閾値判定で目標とする物標検知・識別することが難しいことがわかる。

物標からの信号検出は、次式のように受信信号P_rが受信機の最小信号検出レベルP_{min}より大きい場合である。

$$P_r > P_{min} \quad \cdots\cdots \quad (2.7)$$

ここで、P_{min}は検出基準値として受信機内雑音電力やクラッタおよび検出に必要な所要SN比で一意的に決まる値（正確には、統計値）である。

リンクバジェットを用いて式の関係を説明する。リンクバジェットとは、無線システムの送信端と受信端の間の経路（リンク）に存在する利得要因（アンテナなどによる利得）と損失要因（自由空間や干渉、熱雑音などによる損失）をすべてdB値で加算／減算して、リンク全体の許容伝搬損失を示している。この計算から物標までの最大探知到達距離などがわかり、レーダシステムの回線設計に利用される。

レーダ方程式に $P_r = P_{min}$ を代入し、レーダの最大検知距離は次式のように表される。

$$R_{max} = \left[\frac{\lambda^2 G^2 P_t \sigma}{(4\pi)^3 S_{min}}\right]^{1/4} \quad \cdots\cdots (2.8)$$

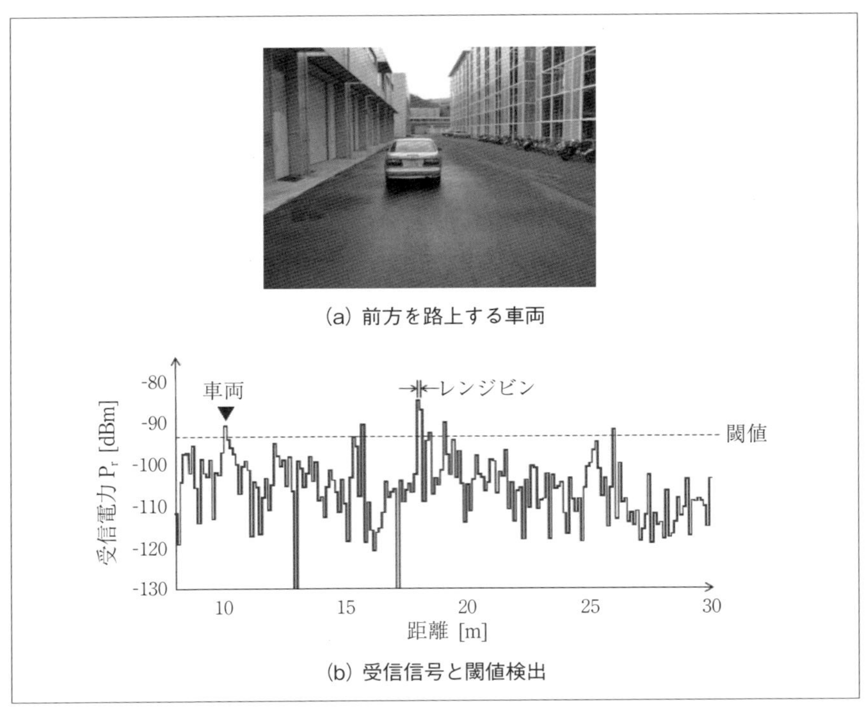

〔図2-4〕前方からの受信信号と閾値検出

式 (2.8) において、送信せん頭電力 P_t、アンテナ利得 G、波長 λ を与え、また物標のレーダ断面積 σ を定めた場合には、信号検知のために必要な最小受信電力 P_r がわかれば、最大検知距離 R_{max} が計算できる。

但し、レーダ断面積は物標のレーダに対する姿勢などの変化に応じてランダムに変動する量であるため、レーダシステム設計のリンクバジェットにおいては平均的な実測値もしくは推定値をとらざるを得ない。

また、最小受信電力は、受信機の特性や目標検知処理の方式および受信電力の変動パターン並びに目標検知の性能をどのように規定するかなど多くの要素に応じてそれぞれ異なる値をとる。

以上、説明したようにレーダの最大検知距離を正確に予測するためには、レーダ検知距離に影響する種々の要素を分析し、式 (2.6) の中に明示して、より実用的なレーダ方程式に変形し直す必要がある。その変形の過程においては様々な要因を考慮する必要があるが、特に物標のレーダ断面積や SN 比が重要となってくる。

例えば、送信電力が $P_t = 10$dBm、アンテナ利得が $G = 20$dB、最小信号検出レベルが $P_{req} = 90$dBm(=P_{min}) と仮定したときのレーダ回線を図 2-5

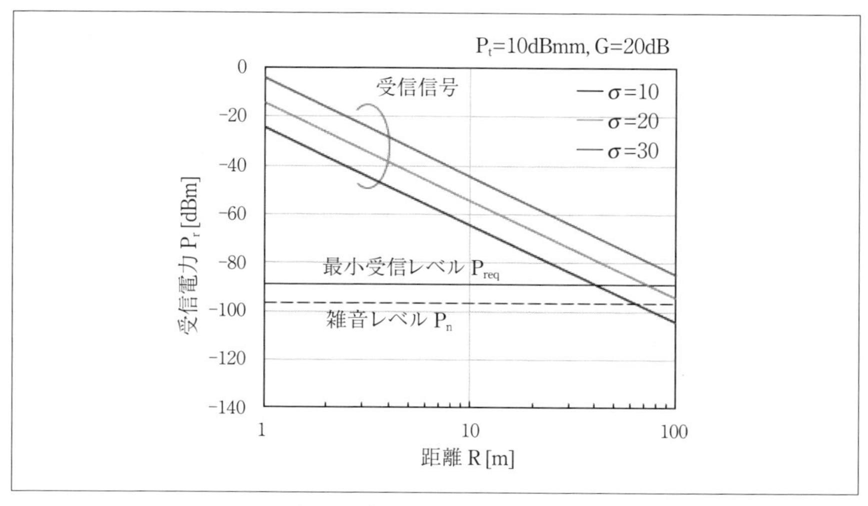

〔図 2-5〕レーダの回線設計

に示す。同図からRCSが$\sigma=30$dBsmの物標の最大探知距離は100m以上、そして$\sigma=10$dBsmの物標であれば約40mであることが計算できる。

一般に、レーダに用いる波長の選択は距離分解能や指向性、アンテナの寸法によって決定される。アンテナの寸法が同じ場合、波長が短いほど、つまり周波数が高いほど、鋭い指向性が得やすく、それに伴って角度分解能や角度精度が向上する。また、周波数が高いほど、送信系として立ち上がりが早く、幅の狭いパルスを発生しやすくなり、距離分解能および距離精度を高くすることができる。ここで、レーダで使用する周波数帯域幅BWとパルス幅τは以下の式で表現できる。

$$\tau=\frac{1}{BW} \qquad (2.9)$$

このように専有可能な帯域幅が広いほど幅の狭いパルスまたは時間分解能を実現できる。

(2) レーダ断面積

物標のレーダ断面積（以下、RCS）σの意義を説明する。その後、ビジビリティファクタを導くための前提として、RCSの統計的変動のモデル化について概説する[1]。RCSは、物標に照射された電波を受信アンテナ方向に再放射する能力の指標となる重要なパラメータである。RCSは物標の実効面積に比例して面積の単位を持つが、その物理的大きさに直接関係しているわけでなく、形状や電気的特性、電波のレーダ周波数（波長）などによって決まる値である。例えば、半径a（≫波長）の球のRCSは、その照射面積であるπa^2に等しいが、航空機や自動車、人などのような物標のRCSはその物理的な面積とは一致しない。これは、対象とする多くの物標の表面形状が複雑であるため各散乱点からの反射波が互いに干渉するためであり、表面のわずかな形状変化や波長、帯域幅がRCS特性に大きな変化を与える。そこで、形状が複雑な車（乗用車）について照射角（方位角）に対するRCSを図2-6に示す。ここで物標に対して横方向から電波（79GHz、帯域幅10MHz）を照射しており、同図で270°が車両の進行方向（矢印）である。同図から照射角が1°変化するごとに受信信号強度が大きく変動し、角度レンジプロファイルも変化する。これは上述したように照射角が少し変わると散乱点が移動し、各散乱波間の位相関係が大きく変化したためである。このようにRCS特性は各散乱点の移動に伴う急激な角度変動と形状変化に伴う緩やかな角度変動がみられる。一般に、車の形状は横方向から見るとフラットな面が多く、照射面積も正面や後方に比べて広い。このため横方向（±5°の角度範囲）のRCS特性は平板に近く、またRCSの緩やかな包絡線変動は照射面積と表面形状の違いに起因している。一方、人の照射面積は正面方向が少し広いが、波長が短い場合には円柱に近いため、RCSの包絡線変動は比較的小さいと考えられる。なお、人やその他の物標のRCSに

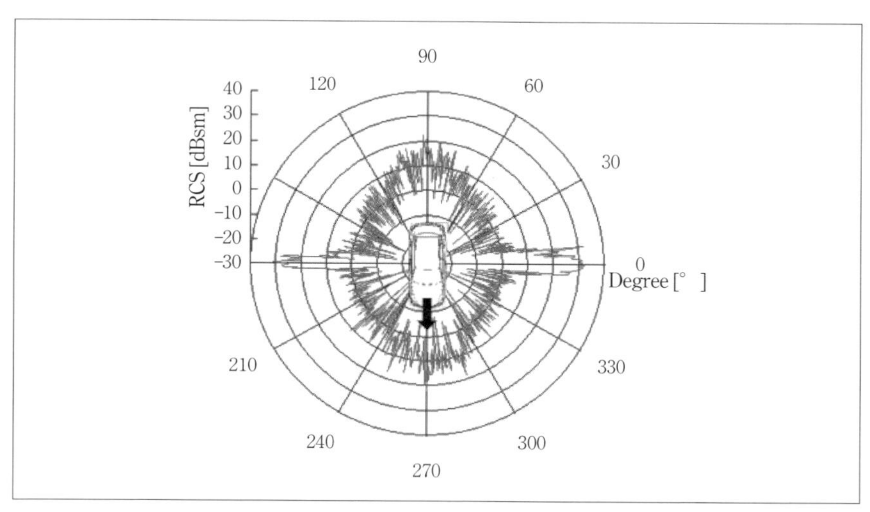

〔図2-6〕照射角に対する車のRCS（➡は進行方向）

〔表2-1〕代表的な物標のレーダ断面積

物標	レーダ断面積 σ
自動車	100
自転車	2
人	1
旅客機	3
ヘリコプタ	100

ついては3.3節で詳しく解説する。

このように物標のRCSは一義的には決まらない変動量であるため、レーダ方程式の計算では、平均値や中央値など平均的な値で検討することが多い。具体的な目安として、通常はレーダ周波数とは無関係に表2-1のような数値例が知られている。しかし、レーダ方程式で最大探知距離を求める場合には、物標の有効反射面積の値を厳密に分析するのではなく、例えばRCSが3dBsmの物標に対して最大探知距離がどうなるかという考え方をすることも多い。しかし、探知距離を評価するときに、RCSについてその平均値だけを規定するのでは不十分であり、パルスごとの積分処理などの信号処理がRCSの変動にどのように作用するかを考えて検討する必要がある。

そこでこのような問題に対応するため、スワーリング（P. Swerling）は、変動の緩急二つと2種類のRCSの確率密度関数（PDF）とを組み合わせて、次の四つの変動目標モデルを提案している[6],[7]。

分類1：レーダ断面積σのPDFが次の負の指数関数で表される物標で、レイリ変動目標と呼ばれる。

$$P(\sigma)=\frac{1}{(\sigma_{av})}\exp\left(-\frac{\sigma}{\sigma_{av}}\right) \qquad (\sigma\geq 0) \quad \cdots\cdots\cdots\cdots\cdots\cdots \text{(2.10)}$$

ここで、σ_{av}はRMSの平均値である。

また、変動の速さは緩変動とし、パルス間では信号強度が一定で変動しないと仮定する。但し、アンテナが回転した、次のスキャンにおいては、前とは全く別のRCSになっている場合、このタイプの変動は“走査ごと（スキャン間）変動”ともいう。

分類2：分類1と同じレイリ変動する物標であるが、パルスごとにすべて独立に変動するもので、このタイプの変動を“パルスごとの（急な）変動”という。

分類3：走査ごと（緩）変動の目標で、かつ、次のようなσのPDFを持つ目標である。

$$P(\sigma)=\frac{4\sigma}{(\sigma_{av}{}^{2})}\exp\left(-\frac{2\sigma}{\sigma_{av}}\right) \qquad (\sigma \geq 0) \quad \cdots\cdots\cdots\cdots\cdots\cdots \text{(2.11)}$$

分類4：パルスごとに急変動し、かつRCSが式（2.11）に従うPDFを持つ物標である。

物理的には、分類1と分類2のレイリ変動モデルは、近似的に等しいRCSを持つ散乱点からの反射波がランダムに加算される物標によく当てはまる。これに対して、大きな反射体に多数の小さな散乱点が一体となっているような物標は、式（2.14）のPDFに従った変動をすると考えられる。

通常、要求される探知確率に対しては、分類1および分類2のレイリ変動目標を仮定した場合には変動損失が大きい。一般のレーダでは、式（2.11）を仮定することが多い。

次に変動の速さであるが、一般には走査ごとの緩い変動モデルが適用される。パルスごとの急変動は、有効反射面積の大部分をプロペラが占めるようなプロペラ飛行機や、非常に小さな向きの変化でも有効反射面積が大きく変化すると考えられる物体、あるいは非常にパルス繰返し周期の遅いレーダで捜索する場合の目標などに適用できよう。

しかし、急変動のモデルがより実用的な意味を持つのは、レーダが周波数アジリティまたは周波数ダイバーシティ動作を行う場合である。パルスごとに送信周波数を変化させる方式を周波数アジリティといい、複数の異なった周波数を同時に送信する方式を周波数ダイバーシティと呼ぶが、どちらの場合も、周波数が十分離れている場合には、目標物を構成する多数の散乱反射物が全く異なった位相関係で加算されることになるから、有効反射面積は大きく変化することになる。つまり、周波数アジリティではパルス間で急変動し、また、周波数ダイバーシティでは受信チャネル間の積分に対して急変動のモデルを適用することができる。

一般に急変動であるほうがパルスの積分による効果が大きく、緩変動の場合よりもビジビリティファクタは小さくてよいので、この差分をアジリティ利得またはダイバーシティ利得と呼んでいる。

レーダ方程式の計算にあたっては、以上説明したような変動モデルからそのレーダにふさわしいモデルを決定し、これに合わせたビジビリティファクタを求めることが必要である。

(3) クラッタ

クラッタの信号強度分布を推定するためには、得られたデータに対していくつかのモデルを当てはめ、それらの“良さ”を比較している [11]。これまで高分解能レーダで観測されたクラッタの振幅強度分布は Log-normal 分布または Weibull 分布に従うことが報告されている。そのためクラッタの分布推定モデルとして Log-normal、Weibull 分布、Log-Weibull 分布の三つのモデルについて解説する [10]。

Log-normal 分布は次式のような確率密度関数で表される。

$$P_{LN}(x) = \frac{1}{\sqrt{2\pi\sigma x}} \exp\left[-\frac{(\ln x - \mu)^2}{2\sigma^2}\right] \quad (x \geq 0,\ \sigma > 0) \qquad (2.12)$$

ここで、x は受信信号強度で、μ は $\ln x$ の平均値、σ は $\ln x$ の標準偏差である。

この分布は非常に長いすその（long tail）をもつ。

次に Weibull 分布は次式で表される。

$$pw(x) = \frac{c}{b}\left(\frac{x}{b}\right)^{c-1} \exp\left[-\left(\frac{c}{b}\right)^{c}\right] \quad (x \geq 0,\ b > 0,\ c > 0) \qquad (2.13)$$

ここで、b はスケールパラメータ、c はシェイプパラメータである。この分布はパラメータにより分布形状が柔軟に変化し、指数分布、レイリ分布を包含し、またガンマ分布や k-分布にも近似できる。

一方、Log-Weibull 分布は次式で表される。

$$p_{LW}(x) = \frac{c}{b}\left(\frac{\ln x}{b}\right)^{c-1} \exp\left[-\left(\frac{\ln x}{b}\right)^{c}\right] \quad (x \geq 1,\ b > 0,\ c > 0) \qquad (2.14)$$

この分布は Weibull 分布の長所と長いテールをもつ Log-normal 分布の長所を兼ね備えている [11]。

そこで図2-4（a）（写真）のようなアスファルト路面で両側に人工建造物がある路上環境下でのクラッタのPDFに式（2.12）、（2.13）、（2.14）の分布モデルを回帰させた例を図2-7に示す（24GHz帯のレーダ周波数、ビーム幅 $\phi = 75°$）。帯域幅が1GHz以上の高分解能レーダでは、Log-normal分布に近い。一方、帯域幅が10MHzの狭帯域レーダでは三つの分布モデルと回帰させただけではどちらの分布にモデル化できるかの判断が難しい。そこで真の分布に対して“良い”モデルの尤度を表す基準

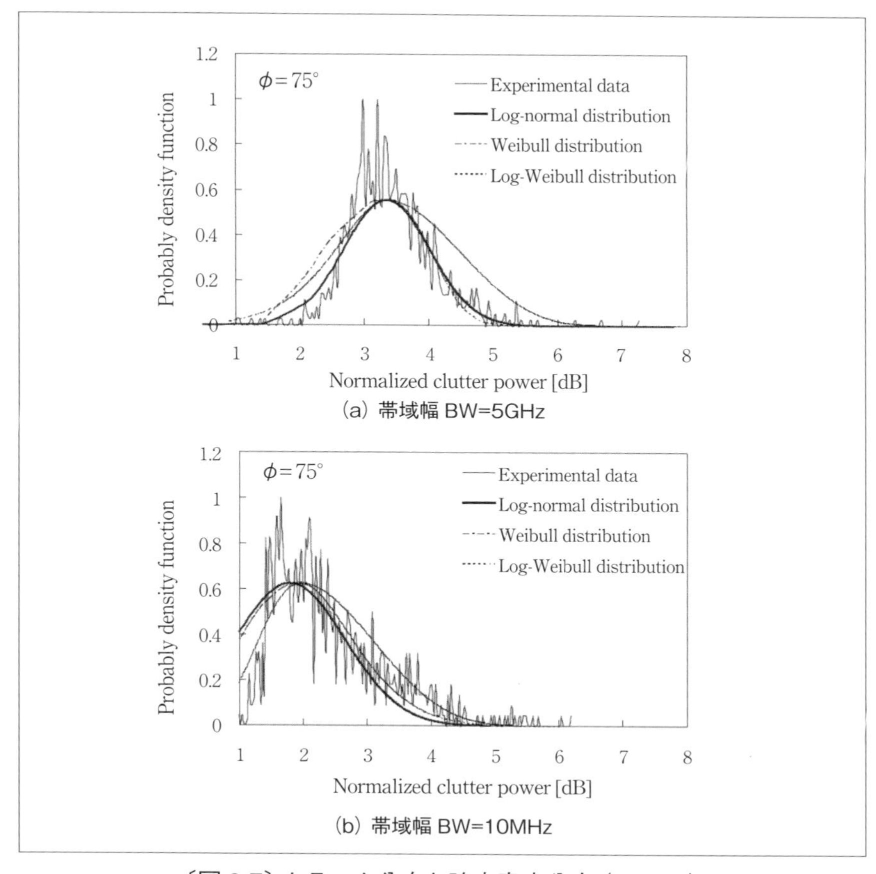

〔図2-7〕クラッタ分布と確率密度分布（24GHz）

である AIC（赤池情報量基準）を用いて定量的に分布推定を行うことができる [11]。その結果、同図に示すクラッタは、帯域幅やビーム幅に関係なく、Log-normal 分布で、また路面がアスファルトで両側に植込みやグランドなどのクラッタは、帯域幅が 500MHz 以上で Log-normal 分布、そして 100MHz 以下で Log-Weibull 分布に近似できる。その理由として、500MHz 以上の高分解能レーダでは、散乱点からの反射波やマルチパスの干渉が少なく、クラッタ間の相関が低いために Log-normal 分布に従っている。しかし、100MHz 以下では各散乱波が干渉を起こすために Log-normal 分布に従わない。

2.3　レーダ方式

レーダに要求される性能要件（最大検知距離、速度、精度、応答性など）、耐干渉、信頼性、サイズ、コストなどをトレードオフしながら適切な方式を選択する必要がある。

(1) パルスレーダ

パルスレーダでは図のように比較的狭いパルス幅の信号を一定の周期で繰り返して送信し、物標からの受信波から物標までの時間 τ から距離を計測する [1][2]。このとき目標までの距離 R は

$$R = \frac{c \cdot \tau}{2} \quad \cdots\cdots (2.15)$$

によって簡単に求まる。実際には、一つの送信波に対して様々な距離の散乱物からの信号が受信されるために様々な時空間信号処理によって希望信号を識別する。また送信パルス幅や繰り返し周期は検知したい距離によって決まる。同図の例では、繰り返し周期 T に対して観測できる最大距離は、レーダ方程式で与えられる感度上の成約とは別に

$$R_{max} \leq \frac{c \cdot T}{2} \quad \cdots\cdots (2.16)$$

によっても制限される。これにより最大探知距離より遠方からの反射波の影響が無視できない場合には多くの反射波が同時に受信され、識別が

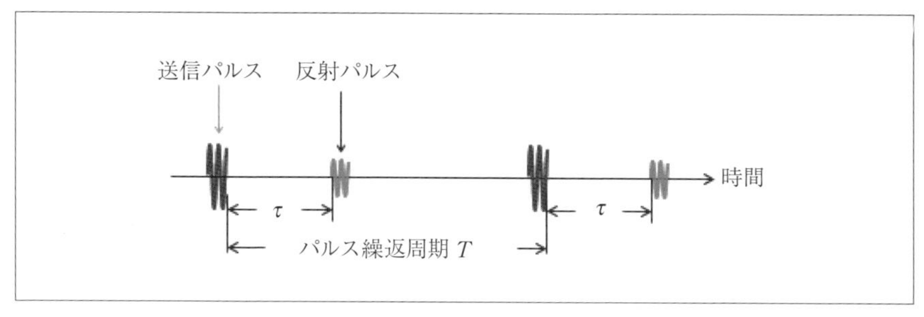

〔図 2-8〕パルスレーダ

できなくなる。これはレンジエリアシング（range aliasing）と呼ばれている。従って、パルス間隔はレンジエリアシングが問題とならない程度に大きく設定する必要がある。また距離分解能 ΔR はパルス幅 ΔT により決まり

$$\Delta R = \frac{c \cdot \Delta T}{2} \quad \cdots\cdots (2.17)$$

となる。式から距離分解能を小さくするためにはパルス幅を短くすることになるが、パルス幅 ΔT とパルスの占有帯域幅 BW には

$$BW \cong \frac{1}{\Delta T} \quad \cdots\cdots (2.18)$$

の関係から

$$\Delta R \cong \frac{c}{2 \cdot BW} \quad \cdots\cdots (2.19)$$

となり、距離分解能は占有帯域幅に反比例する。

(2) ドプラレーダ

CW レーダは連続波（CW）信号を送信するレーダであり、目標からの反射信号もやはり連続波信号（ドップラーシフトにより送信周波数から周波数シフトしている CW 信号）となる [1][2]。図 2-9 は、CW レーダの基本系統を示したものである。受信信号は基準信号と混合されて中間周

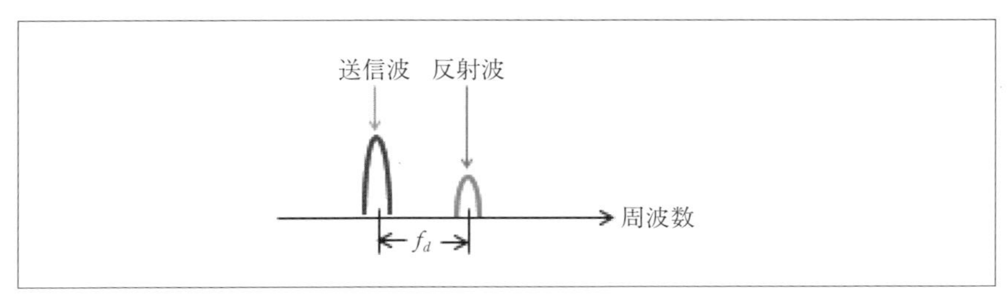

〔図 2-9〕ドプラレーダの送受信信号の周波数スペクトル

波数（Intermediate Frequency：IF）f_{IF} に変換され、次のドップラー処理器に供給される。CW レーダは送受信信号間のドップラー周波数 f_d を計測して目標物の接近速度を知ることはできるが、送信信号と受信信号の時間差を直接計測する方法がないので目標物の距離を知ることはできないという欠点がある。ここで、目標物のレーダに対する相対速度を v、送信波の波長を λ、その送信周波数を f_0 とすると、送信波と受信信号のドップラー周波数 Δf_d は、

$$\Delta f_d = \left(\frac{c+v}{c-v} - 1\right) \cdot f_0 \approx \frac{2v}{c} \cdot f_0 \quad \cdots\cdots (2.20)$$

と表現できる。

ドプラレーダは主に気象レーダや航空機用レーダとして用いられている。例えば、気象レーダで雲内部の降水粒子の移動速度を観測することで、雲内部の風の挙動を知ることができることから、気象観測に用いられ、竜巻の監視システムが作られている。

(3) FM-CW レーダ

FM-CW レーダは CW レーダ信号に周波数変調（Frequency Modulation：FM）を施した送信信号を用いるものである [1][2]。FMCW レーダは図 2-10 に示すように比較的簡単な回路構成で距離と相対速度を同時に計測でき、かつ相対速度がゼロのときにも計測可能である。FM-CW レーダでは、図 2-10 に示すように送信信号の周波数を時間に対し直線状に上下させて送信する（送信波周波数の時間傾きは $\Delta f/T_m$）。そして受信した信号は前方車両までの距離 R に対し、往復の距離 $2R$ の時間遅れ $2R/c$ で受信されるが、受信部ではこの受信波と送信波を直接検波することにより距離 R に比例した周波数をもつビート信号を取り出す。信号処理部ではそれぞれのビート信号を FFT 解析し、ピーク検出によりビート周波数を解析する。例えば、上りチャープと下りチャープの周波数はそれぞれのビート周波数 $f_{\text{b-up}}$、$f_{\text{b-down}}$ 次式で与えられる。

$$f_{b-up}=\frac{2R\cdot\Delta f}{c\cdot T_m}-f_d \qquad\qquad f_{b-down}=\frac{2R\cdot\Delta f}{c\cdot T_m}+f_d \quad\cdots\cdots (2.21)$$

ここで、T_m はチャープ周期、Δf は最大周波数偏移幅である。

物標に対して相対速度がある場合には、ドプラ効果により周波数がシフトし、それぞれのビート周波数について簡単な代数計算で距離と相対速度を求めることができる。また多くの障害物からの反射波から特定の車両を認識するためには同図 (d) に示すようにビート周波数の集合に対して適切な組合せを計算し、その組み合わせから距離や相対速度を推定

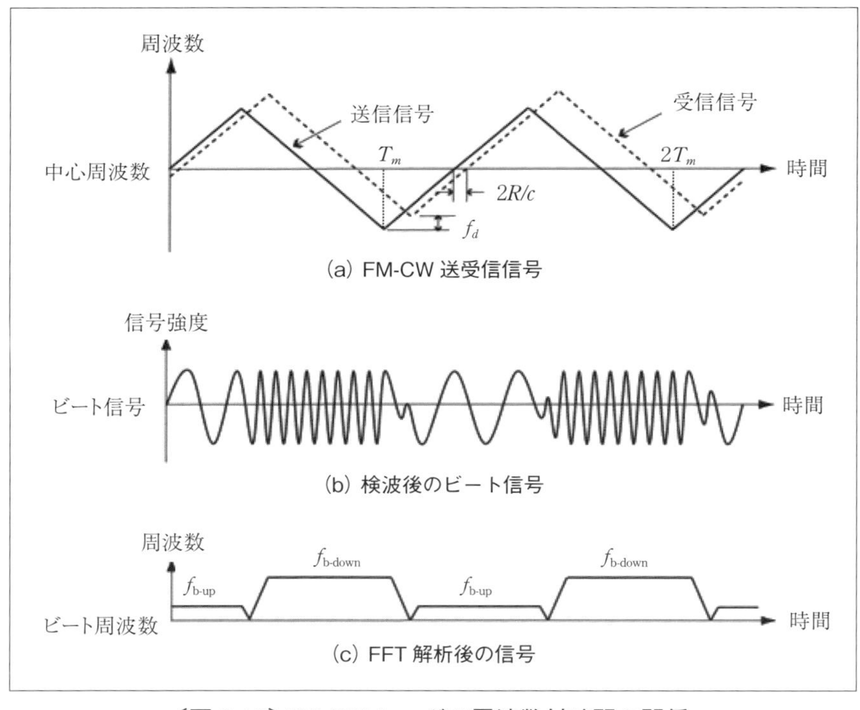

〔図 2-10〕FM-CW レーダの周波数対時間の関係

している。ここでは前の推定結果から予測される車両の距離に優先度を置き、方位FFTを処理することで計算量を削減している。以上のようにFM-CW方式は比較的低速の信号処理で高距離分解能が得られるため多くのレーダシステムで採用されているが、多目標環境では、ペアリング処理の誤作動により正しい相対速度と距離の推定が困難となる。

(4) 二周波レーダ

2周波方式は、周波数が異なる連続波2波 (f_1 と f_2) を交互に送信し、物標から反射した受信波を送信波とミキシングしてビート信号を生成し、このビート信号を解析することで物標までの距離と相対速度を検出する [1][2]。この方式の送信波はデジタル変調方式の一つである周波数偏移変調と類似しているのでFSK (Frequency Shift Keying) 方式とも呼ばれる。この方式の動作原理を説明する。図2-11は2周波CWレーダの構成例で、一般に送信波は周波数安定度の良い周波数シンセサイザ (PLL

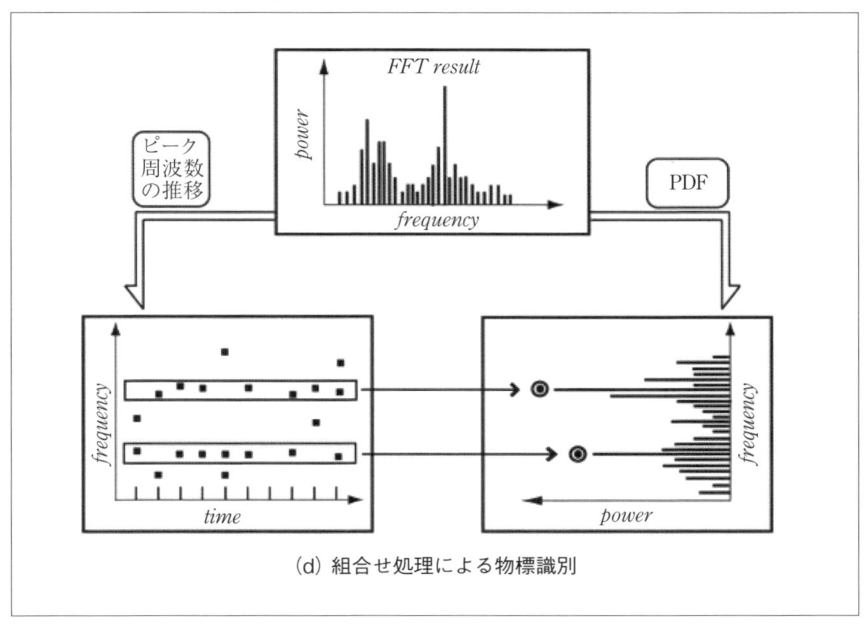

(d) 組合せ処理による物標識別

〔図2-10〕FM-CWレーダの周波数対時間の関係

またはPLO：位相同期回路）で生成され、物標に向けて送信される。また、この送信波の一部を結合器で分配し受信用ミクサの基準信号として使われる。一方、受信波は、前述の送信波の一部とミキシングされビート信号が生成される。このビート信号をFFTにより解析することによって物標までの距離と物標との相対速度を算出する。以上のように2周波方式はFM-CW方式と比較して相対速度の計測精度が一桁優れているという利点があるが、位相差を用いた測距原理ゆえに等速目標（相対速度がゼロ）を分離できないという課題がある。

(5) 高速チャープ方式

高速チャープ（FCM）方式は、図2-12 (a) に示すようにのこぎり波状に周波数が変化する送信波の一つの波形を1チャープとし、複数チャープをFM-CW方式と比べて短い周期で送信し、物標からの反射波を受信する[12][13]。受信信号はFM-CW方式と同じように送信波との直接検波によって得られたビート信号を2次元FFTすることにより物標までの距離と相対速度を取得する。具体的には、ビート信号の周波数は物標までの距離に比例して高くなる。そこで、同図 (b) に示すようにRange方向のFFTは、反射された一連のチャープを処理することによって同一の場所にピークが存在するN個のセットが得られる。ただし、それぞ

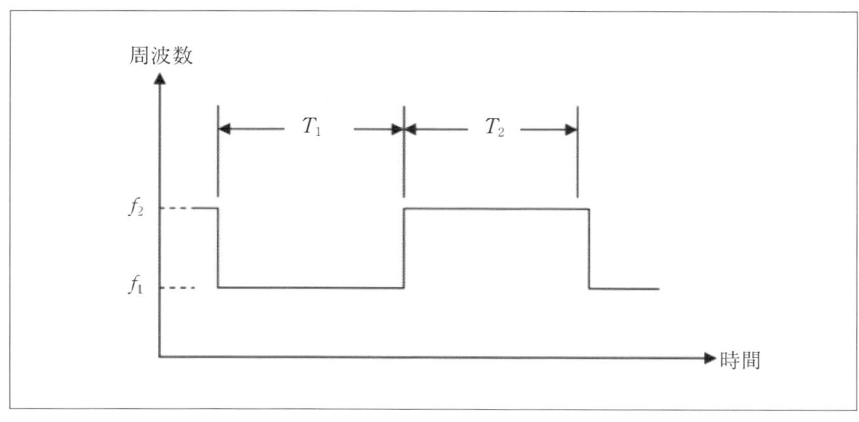

〔図2-11〕二周波レーダの送信信号

れの位相は異なっており、各物標から得られた位相の寄与を保持している（各物標からの個別位相の寄与は、図（b）で横軸と縦軸のベクトルとして表現している）。尚、FFTは所定の周波数間隔で設定された周波数ポイントごとに受信レベルや位相情報が抽出されるため、距離に対応する周波数ポイントにピークが出現する。従って、ピーク周波数を検出することにより物標までの距離が求められる。次に、物標との間に相対速度が生じている場合にはビート信号間にドプラに応じた位相変化が現れ

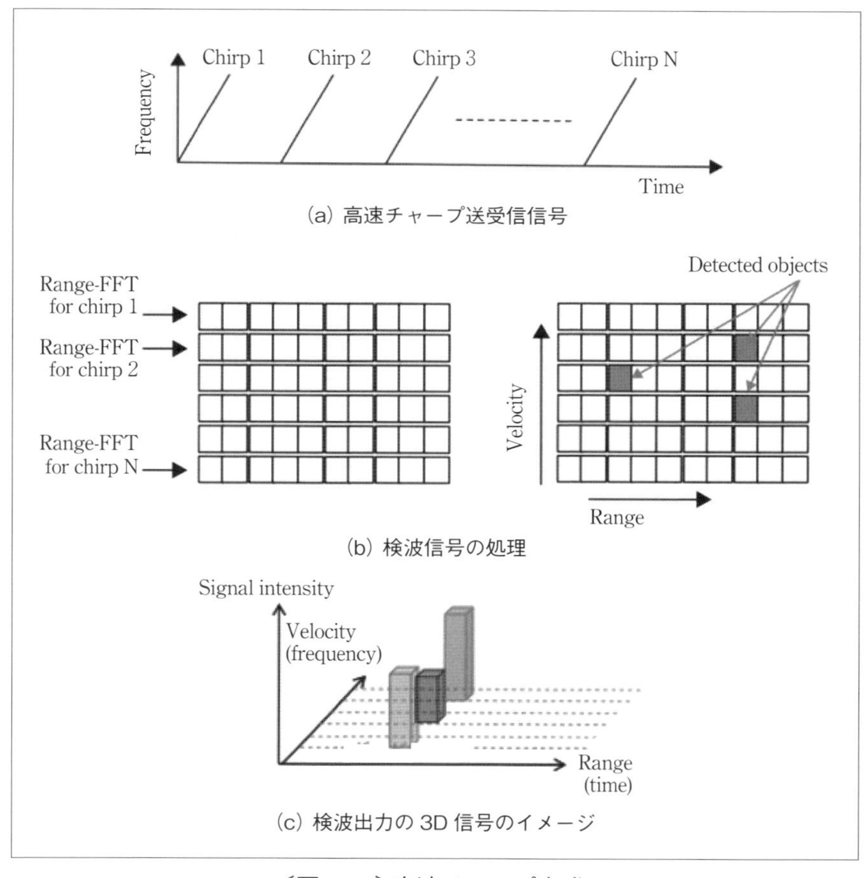

〔図 2-12〕高速チャープ方式

ることを利用してドプラを検出し、相対速度を算出する。例えば、物標との相対速度が0の場合には受信信号にドプラ成分は生じておらず、各チャープに対する受信信号の位相は全て同じになる。一方、相対速度がある場合には各チャープに対する受信信号の間に位相変化が生じる。そこでビート信号をFFT処理して得られたピーク情報にはこの位相情報が含まれている。そこで、Doppler方向のFFTと呼ばれる2回目のFFTをN個のベクトルに対して実行し、物標からの情報を分解する。このように各ビート信号から得られた同じ物標のピーク情報を時系列に並べて2回目のFFT処理により位相情報からドプラが求まり、その周波数の位置にピークが出現する。このピーク周波数が相対速度に対応する。従って、検波して得られたビート信号の2次元FFT処理により物標までの距離と相対速度を同時に算出することができる。

FCM方式は、以上のような簡易な処理方法でFM-CW方式のペアリング処理による誤作動を解決できるため、近年大きく注目されており、米国テキサスインスツルメンツ（TI）社やドイツ国Continental社などが導入している。例としてTI社が2017年にミリ波評価ボード（IWR1443BOOST）とその機能ブロック図を図2-13に示す。また評価ボードとキャプチャボードを組合せたミリ波レーダ装置を図2-14に示す。

(6) ステップドFM方式

ステップドFM電波センサの概要を図2-15に示す[14]。本方式は同図（b）の②に示すようにPLOまたはPLLにおいて周波数を段階的に変化させた狭帯域パルス列を間欠的に送信する。一方、受信部では各受信波を直接検波し、そのIQビデオ信号をA/D変換する。次に各I/Qビデオ信号はIDFT（逆離散フーリエ変換）による合成帯域処理によって超短パルス化を計り、その信号強度分布（レンジスペクトル）の距離分解能を向上させることができる。例えば、周波数ステップ幅を Δf、ステップ数を N、目標物までの距離を d とすると n 番目の検波出力 R_n は次式で表される。

$$R_n = A_n \exp(-j\theta_n) \quad \cdots\cdots (2.22)$$

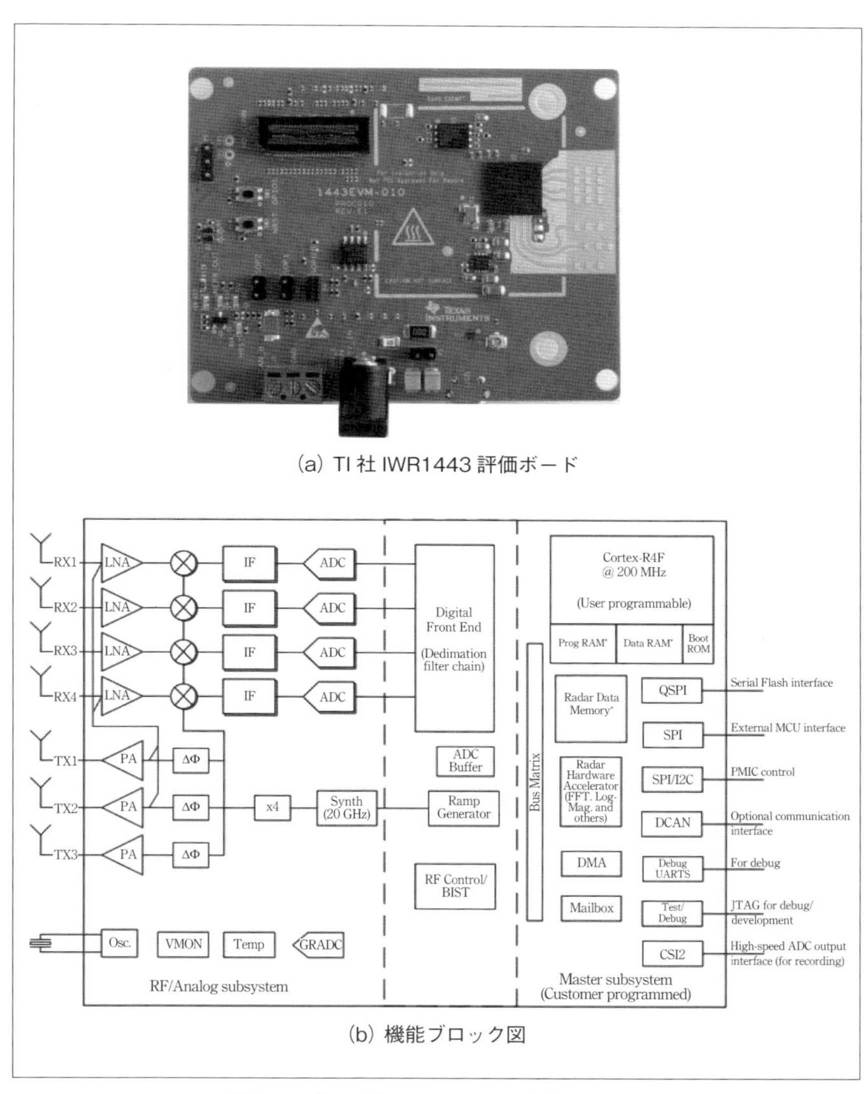

(a) TI社IWR1443評価ボード

(b) 機能ブロック図

〔図2-13〕TI社のIWR1443評価ボード

$$\theta_n = 2\pi(f_c + n\Delta f)\cdot\frac{2d}{c} \quad (n=1,2,\ldots, N) \quad \cdots\cdots (2.23)$$

ここで、A_n は振幅、f_c は基本周波数、c は光速である。従って、$n=1\sim N$ の合成帯域幅は $N\Delta f$ となり、距離分解能 ΔR は次式で定義される。

$$\Delta R = \frac{c}{2N\Delta f} \quad \cdots\cdots (2.24)$$

次に $R_n(n=1, 2,\cdots N)$ を IDFT 処理により時間領域に変換し、そのレンジスペクトルを計算する。

ここで静止目標物を仮定するとその反射信号強度 A_n は $A_n \approx A$ と近似でき、そのレンジスペクトルは次式で与えられる。

$$R(\phi) = N\cdot A\cdot\left|\frac{\sin c\left[\pi\left(\phi - N\Delta f\,\frac{2d}{c}\right)\right]}{\sin c\left[\frac{\pi}{N}\left(\phi - N\Delta f\,\frac{2d}{c}\right)\right]}\right| \quad (\phi = 0,1,\ldots, N-1) \quad (2.25)$$

従って、式 (2.25) のレンジスペクトルで鋭いピークが現れる ϕ の値

〔図 2-14〕実験用ミリ波レーダ装置

から距離 d を次式にように推定する。

$$d = \frac{c\phi}{2N\Delta f} \quad \cdots\cdots (2.26)$$

次にステップドFM方式の特徴である干渉回避技術（Detect-And-Avoidance：DAA）について述べる[15][16]。

図2-16（a）のように狭帯域パルスを間欠的に送信するため任意の周波数帯を避けて送信し、他の無線機器への与干渉・被干渉を回避できる。例えば、与干渉を回避するためにスペクトルホールを設定した場合の送信電力スペクトルと他の無線システムのスペクトルの例を同図（b）に示

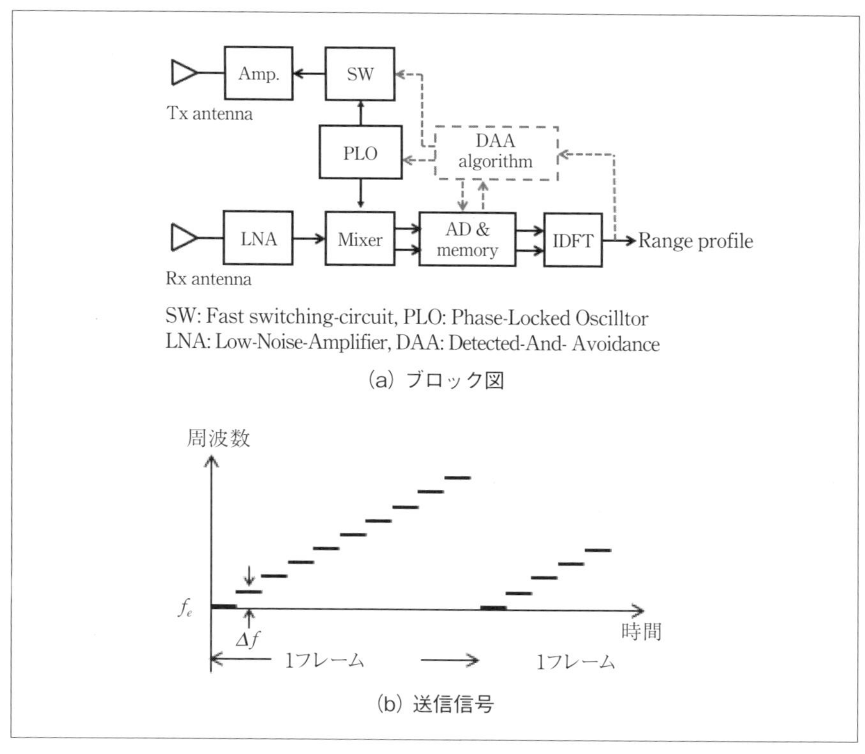

（a）ブロック図

（b）送信信号

〔図2-15〕ステップドFM方式

す。同図から他の無線システムへの与干渉を回避し、同時にその信号からの干渉を受けない。なお、同図(b)からスペクトルホールによって目標物付近に局所的なレンジサイドローブの劣化が見られるがそのホール設定による欠落部を補間して特性を改善することもできる[13][14]。

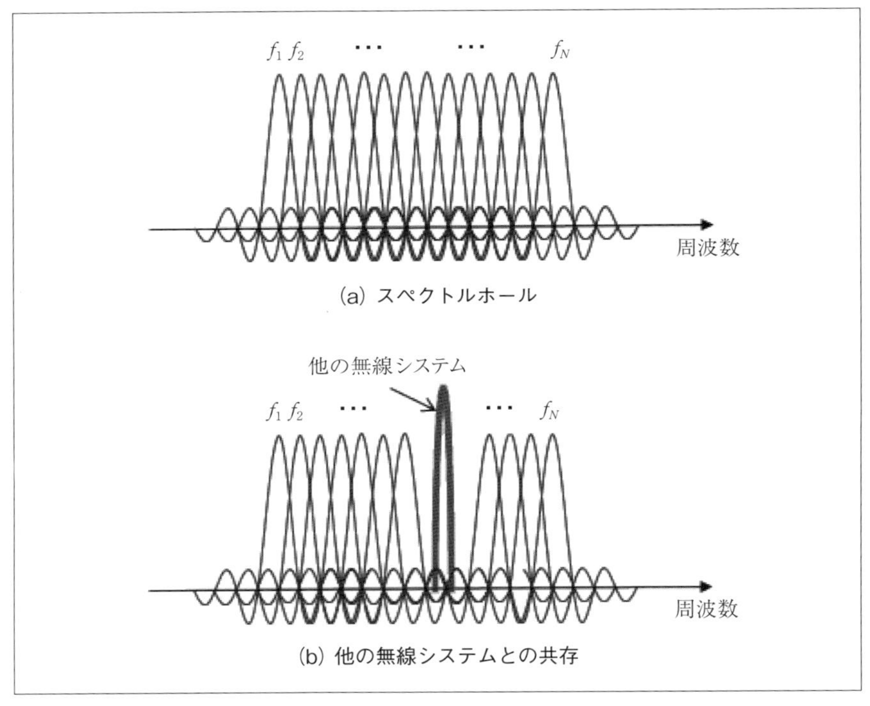

〔図 2-16〕ステップド FM 信号の周波数スペクトル

2.4　レーダ性能

(1) 距離分解能

前述したように、パルス幅はBWに反比例する。また、パルス幅により最小検知距離と距離分解能が決定する。そこで距離分解能を ΔR とすると、以下のように表現できる。

$$\Delta R = \frac{c\tau}{2} \quad \cdots\cdots (2.27)$$

ここで、c は光速で 3×10^8[m/s] である。従って、目標物が ΔR 以内に存在する場合は計測することはできない。

(2) 方位分解能

距離分解能はBWによって決まるが、方位分解能はアンテナの直径によって決まるここでパラボラアンテナを例にとると、ビーム幅 θ は、

$$\theta > 70\frac{\lambda}{D} \quad \cdots\cdots (2.28)$$

と表現できる。ここで、λ は波長、D はアンテナの直径である。従って、ビーム幅はアンテナの直径が大きくなるほど鋭くなり、角度方向における分解能は高くなることがわかる。

2．5　レーダの高度化

現在、送信用増幅器、受信用低雑音増幅器（LNA）、位相器、送受信切替スイッチ、およびこれらの制御回路などをワンチップ化したMMIC（Monolithic Microwave Integrated Circuit）が開発され、アレーアンテナを含めた送受信モジュールの小型化、高効率化、高機能化が図られている。レーダ信号処理の分野では、各アレーアンテナの受信信号をA/D変換し、デジタル信号処理することによって後述するようにデジタルビームフォーミング（DBF）など様々な技術が開発されている。例えば、DBFを用いることによって、同時に複数のアンテナパターンを形成し、また干渉波やクラッタなどの劣悪な環境にも適用するアンテナパターンの形成が可能になった。このようなレーダシステムの高度化のためには、各アレーアンテナからの受信信号の振幅と位相情報を正確に抽出することが前提になっている。このように受信信号から振幅と位相を抽出することを位相検波またはIQ検波と呼ばれ。図2-17に示すようなアナログ直交検

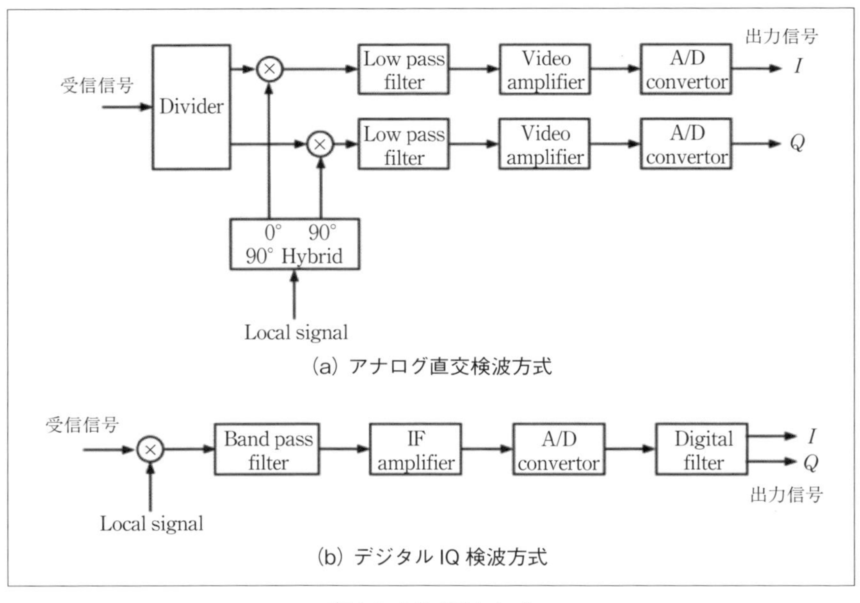

〔図2-17〕検波方式

波方式とデジタルIQ検波方式が用いられている。特にデジタルIQ検波方式は、精度に優れており、オフセット調整などが不要という利点を持っている。このような検波方式はゼロIF受信方式とも呼ばれ、ヘテロダイン方式に比べて部品点数が少なく、低消費電力や小型・軽量化を実現できるために多くのレーダシステムで採用されている。

(1) 超広帯域技術

超広帯域（UWB）技術の起源は、1980年代後半より米国国防総省DARPA（Defense Advanced Research Project Agency）の軍事研究の一環として、壁などの障害物を通過してその向こう側に存在する物体の認識を可能にするレーダ技術として検討されていたものである。その後、1994年の米国による軍事機密扱いの制限撤廃、1998年の法制度変更に関する米国連邦通信委員会FCC（Federal Communication Commission）による諮問開始を経て、2002年2月にはFCCがUWB無線技術を正式に認可し民間での利用を許可したことから、各国で急速に盛んな研究が通信やセンサ（レーダ）分野で行われ始めている。

UWB技術は500MHz以上の帯域幅または比帯域幅（中心周波数に対する帯域幅）が20%以上を利用するものと定義されており、その占有帯域が極めて広帯域なものとなることから、他の既存の無線システムへの与干渉を考慮して電力スペクトル密度（PSD）が−41.3dBm/MHzに制限されている。現在、UWBの広帯域性による距離分解能（高精度測距）やマルチパス耐性、与干渉性などの特徴を活かして近距離高速無線通信やセンサ、車載レーダなど様々な分野に応用されているが、今後新たな用途として車のドアを自動開錠できるスマートキーの盗難防止機能を強化したシステムや医療用イメージング技術、ドローンの飛行位置の監視・遠隔制御システムなども検討されている。特に79GHz帯レーダでは、図2-18に示すように24GHz帯や79GHz帯レーダと比べて、距離分解能や速度分解能、角度分解能に優れている。

(2) アンテナ高度化技術

ミリ波帯は広い周波数帯域幅が利用可能で、かつ波長が短いので小形でも高感度なアンテナが実現できる。そこで複数のアレーアンテナを用いてアダプティブアレーや到来方向推定、MIMO など様々な高度化技術が研究されている。これらは一見、異なる技術のように思えるが、アレーアンテナの重み係数により受信信号の 振幅と位相を制御し、それらを合成することにより指向性を制御している [17]。

・フェーズドアレーアンテナ

図 2-19 のように各アンテナ素子に接続した移相器（移相量）を制御することによりビーム方向を電子的に走査する（時分割で切り替える）技術で、ビームを θ_0 に向けるための位相量 φ は次式で与えられる。

$$\varphi = \frac{2\pi d \sin \theta_0}{\lambda} \quad \cdots\cdots (2.29)$$

・アダプティブアレーアンテナ

図 2-20 に示すように各アンテナ素子の振幅と移相（複素重み係数）を最適に制御することにより所望ビームを形成（例えば、ビームを希望方向に向けると同時に干渉波の方向がヌル点になるようにビームを形成する）

・デジタルビームフォーミング

本技術は、図 2-21 のように RF 受信信号をベースバンドまたは IF 信号に周波数変換した後に、AD コンバータでデジタルに変換し、そして

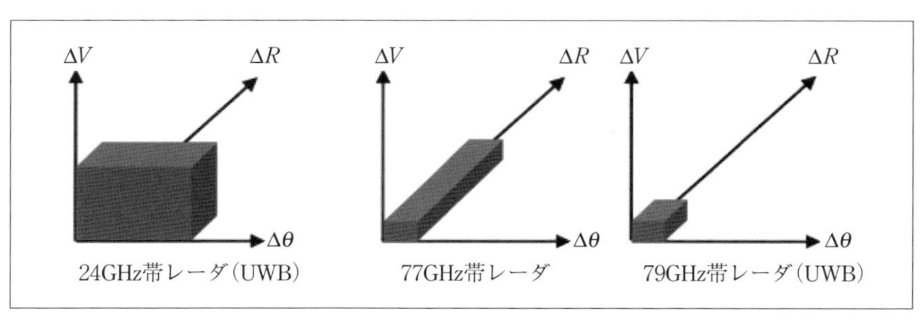

〔図 2-18〕79GHz 帯レーダの特徴
$\Delta\theta$：同一アンテナサイズにおける角度分解能
ΔV：速度分解能
ΔR：距離分解能

信号処理で位相と振幅を調整し、複数目標やヌル点形成など任意の指向性を制御する（アダプティブアレー合成をデジタル信号部で行う）。従って、異なる信号処理による並列処理で複数出力（マルチビーム形成）が可能である。

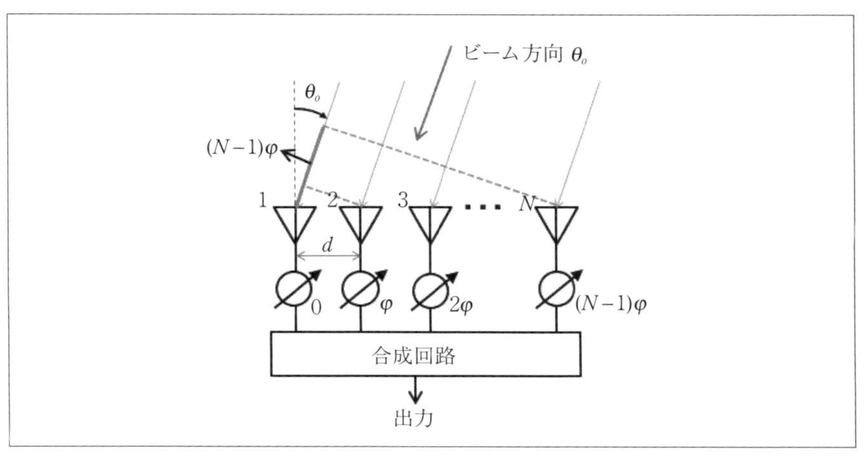

〔図 2-19〕フェーズドアレーアンテナ

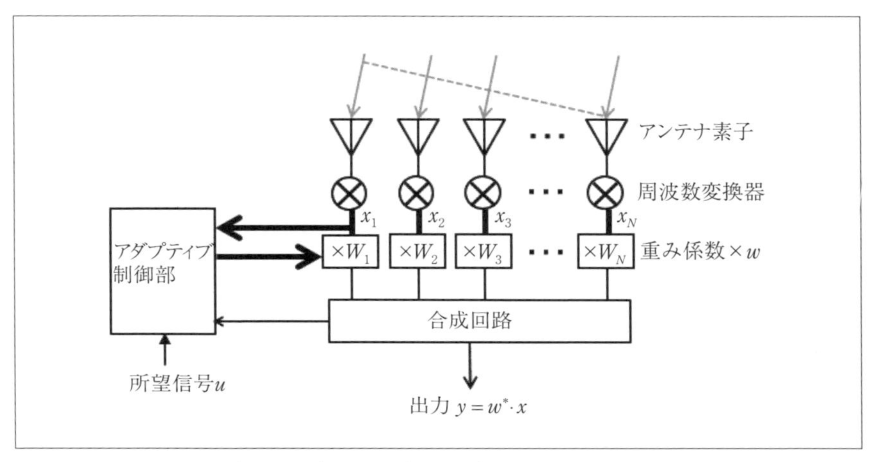

〔図 2-20〕アダプティブアレーアンテナ

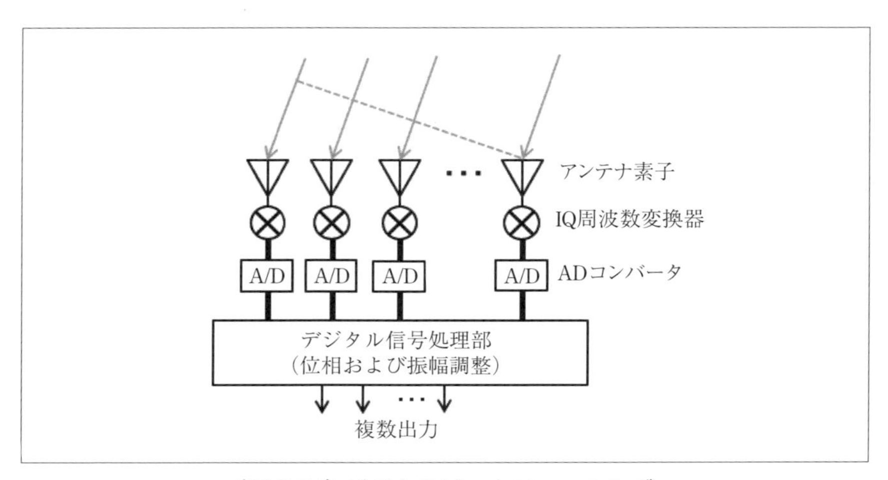

〔図 2-21〕デジタルビームフォーミング

2.6　レーダ信号処理

前述したように、レーダ受信信号には多種多様の雑音やクラッタが含まれており、その中から目標車両を検知・識別し正確な目標情報を出力するためには信号処理の機能が必要となる。信号処理の目的は、入力信号（受信信号）に操作を加えることにより、雑音やクラッタを取り除いて、情報を抽出しやすくし、またその情報の品質を高めることにある。言い換えれば、通常、レーダ信号処理は次の2つに大別される。

・主にフィルタ作用による雑音・クラッタの抑圧・低減
・パラメータ推定処理による信号検知

例えば、航空管制レーダでは、移動物体である航空機が物標となるため、パルスドップラーレーダを用いて反射物体の速度を知ることで、移動物標の検知が行われている。移動目標指示装置（Moving Target Indicator：MTI）は[1]-[3]、そのための線形ディジタルフィルタである。これは、固定物標からの反射波をクラッタとして抑圧し、移動物標からの反射波を検知するもので、グランドクラッタの抑圧には有効である。しかし、風に流されるような雲のようなウェザークラッタの場合には、全く効果がない。

MTIを発展させたディジタルフィルタとして、線形予測フィルタが考えられる[5]。これは、線形予測理論を用いて、入力されたクラッタに対してアダプティブにフィルタ係数を変えていくため、いろいろなクラッタを抑圧することができる。しかし、線形予測フィルタを構成する際には、クラッタの性質を用いるだけで、物標については何も考慮しない。そこで、物標の情報を用いることで、線形予測フィルタよりも高性能な線形ディジタルフィルタを作ることを目的としたクラッタアダプティブマルチドップラーフィルタ（Clutter Adaptive Multi-Doppler Filter：CAMDF）が考えられる。このフィルタは線形予測フィルタよりも優れていることが確かめられており、このフィルタの後処理として、一定誤警報（Constant False Alarm Rate：CFAR）回路で信号検知を行う。その他にも、偏自己相関フィルタによるクラッタ抑圧や2次元線形予測によるクラッタ抑圧、テクスチャー解析によるクラッタ識別、ソーベルフィルタを用いた形状認識やレーダ反射信号強度分布を用いた形状推定など目的や用途、目標物の種別、クラッタの性質に応じた様々な信号処理技術が研究・開発されている。

参考文献

[1] 吉田孝，レーダ技術，電子情報通信学会，1984.

[2] M. Skolnik, "Introduction to Radar Systems （second edition）," McGraw-Hill, 1980

[3] M. Skolnik, "Radar Handbook, second edition, McGraw-Hill, 1990.

[4] 山口芳雄 , "レーダポーラリメトリの基礎と応用 - 偏波を用いたレーダリモートセンシング - ," コロナ社 , 2007.

[5] 関根松夫，レーダ信号処理技術，電子情報通信学会，1991.

[6] M. Stevents, "Secondary Surveillance Radar," Artech House, Norwood, MA, 1988.

[7] 小特集, "電波とリモートセンシング," 日本リモートセンシング学会誌，12，1，pp.43-101，1988.

[8] R. Doviak and D. Zrnic, "Doppler Radar and Weather Observations," Academic Press, Orlando, 1984.

[9] 西村康, "遺跡調査と電磁計測," 資源・素材学会 , 第 2 回地下電磁計測ワークショップ論文集，pp.1-6，1992-12.

[10] 唐沢好男, "デジタル移動通信の電波伝搬基礎," コロナ社 (2003 年)

[11] 関根松夫，"レーダ信号処理技術," コロナ社 (平成 18 年)

[12] 青柳靖，"24GHz 帯周辺監視レーダの開発"，古河電工時報第 137 号（平成 30 年 2 月）

[13] "Short Range Radar Reference Design Using AWR1642," Texas Instruments, 2018

[14] 中村僚兵 , 梶原昭博 , "ステップド FM 方式を用いた超広帯域マイクロ波センサ" , 信学論 B, Vol.J94-B, No.2, pp.274-282, Feb.2011.

[15] 梶原昭博，久保山静香，"ステップド FM-UWB 電波センサの干渉回避技術," 信学論 B，Vol. J100–B No. 3 pp. 210–213, 2017 年 3 月

[16] 大津貢 , 中村僚兵 , 梶原昭博 , “ステップド FM による超広帯域電波センサの干渉検知・回避機能” , 信学論 B, Vol.J96-B, No.12, pp.1398-1405, Dec.2013.
[17] 菊間信良, “アレーアンテナによる適応信号処理,” 科学技術出版, 2011

3. ミリ波レーダ

ミリ波は、周波数でいえば30～300GHzに相当し、携帯電話や無線LANで使われているマイクロ波の約10～100倍である。波長が短く、また使用できる帯域幅が広いという特徴を生かして、肉眼では見えない（あるいは見えにくい）物標を像として可視化するイメージングや高精度に測定してその動きや状態を検知したりするセンシングが期待できる。マイクロ波特性については他の書籍や文献に譲り、本章では、ミリ波レーダで注目されている準ミリ波（24GHz帯）とミリ波（79GHz帯）を中心に透過や散乱特性について述べ、3-2でレーダ能力の尺度として用いられている様々な物標のレーダ断面積について紹介し、3-3でクラッタの正規化レーダ断面積を述べる。

3．1　ミリ波レーダ

ミリ波レーダにおける送信から受信・検知に至るシステム系統図の例を図 3-1 に示す。送信信号は FM-CW や FCM など所定の変調を与え、逓倍して各アンテナ素子から送信される。物標からの反射波は、受信用アンテナ素子で受信した信号は、低雑音増幅器（LNA）を通して直接検波される。レーダでは微弱信号を効率良く増幅するためにスーパーヘテロダイン方式が用いられているが、近年では部品数を減らして小型モジュール化（MMIC）を図るために送信信号と同じ基準信号によって直接検波するゼロ IF 方式（直接検波やホモダイン検波とも呼ばれている）が用いられている。ゼロ IF はこれまでダイナミックレンジの不足や相互変調歪みなどの課題があったがデジタル信号処理によりダイナミックレンジの不足を補い、また歪みなどを補正することによってシステムコストを低減しつつ受信機の性能を向上できるようになった。またミリ波帯の発振器は位相雑音が多いため、PLL（位相同期）回路技術を用いて安定した発振信号を逓倍して基準信号として作り出している。

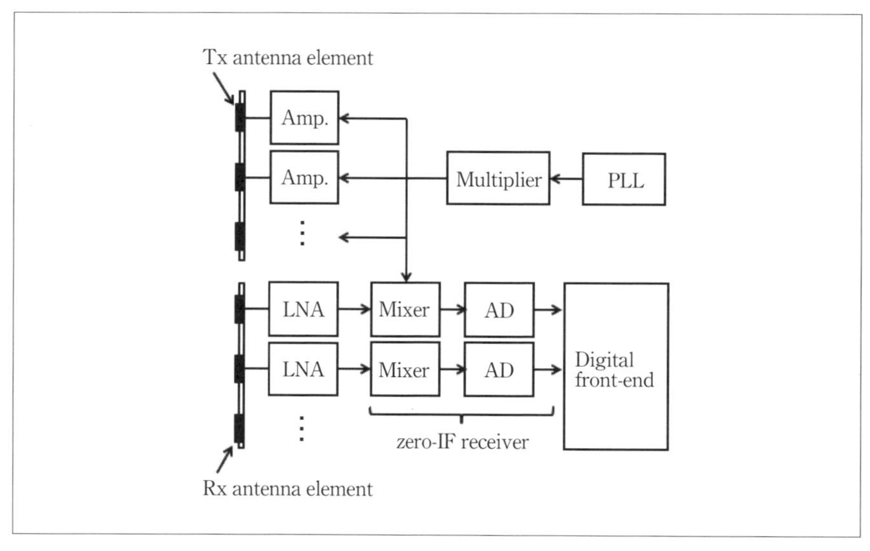

〔図 3-1〕ミリ波レーダシステムのブロック図

現在、ミリ波レーダでは航空管制レーダや船舶レーダなどと異なり、歩行者や生体情報など小さな物標や動きを検知するため高分解能が求められている。例えば、79GHz 帯では最大 3 ～ 5GHz の帯域幅が利用できるため広帯域化により高距離分解能を実現している。しかし、同時に小型・軽量化も求められているためアンテナの開口長の観点からクロスレンジ（方位角）分解能を実現することが難しい。現在、ミリ波アンテナでは、高周波の活用に対応した、多数の放射エレメントを組み込んだアレーアンテナが用いられている。これにより小型でも高感度なアンテナが実現できる。そこで、アレー合成による MUSIC や仮想アレー MIMO 技術を用いることによって LiDAR に近い分解能に近づけることが期待されている。今後は、ミリ波帯の位相器やコンフォーマルアレーの実用化により高解像度やアクティブフェーズドアレーによる高い SN 比が実用化されると考えられる。

３．２　透過・散乱特性

３．２．１　散乱特性

(1) 表面散乱

反射面レーダ能力の尺度として用いられているレーダ断面積の値は、物標表面の「粗さ（roughness)」に依存する。ある角度を持って鏡面に入射すると反射波は図 3-2（a）のようにすべての入射波が鏡面反射される。従って、鏡面方向に受信アンテナを置けば強い反射信号が受信されるが､モノスタティクレーダのように送受信アンテナが同位置であれば、信号は受信されない [1]-[4]。しかし、物標表面が同図（b）のように少し粗いと鏡面成分が減少し、入射波の一部が鏡面反射方向以外の方向に散乱される。後者の減少は拡散散乱と呼ばれ、さらに表面が粗くなると、同図（c）にあるように鏡面反射波がなくなり、拡散散乱波だけになる。このような粗い散乱面はランベルト面（Lambertian surface）と呼ばれる。ラフネスの基準は波長と入射角で定義され、図 3-3 は入射角 θ_i で粗さ σ_H の散乱面に入射する場合を示したものである [5]。ここで σ は、高さの平均を 0 とした参照面からの凸凹の標準偏差値である。レーダから散乱面との往復経路長差は同図から明らかである。一般に使われるレーリ基準による表面の定義をまとめると、

$$\sigma_H \ll \frac{\lambda}{8\cdot\cos\theta_i} \quad \text{（滑らかな表面）}$$

$$\sigma_H \approx \frac{\lambda}{8\cdot\cos\theta_i} \quad \text{（適度に粗い表面）}$$

$$\sigma_H \gg \frac{\lambda}{8\cdot\cos\theta_i} \quad \text{（粗い表面）(1)} \quad \cdots\cdots\cdots\cdots \quad (3.1)$$

となる。なお、滑らかな表面ではある程度の高さの変動があり、まったく平らな鏡面と区別している。

このようにマイクロ波にとって滑らかな表面であっても、ミリ波では粗い表面になる場合がある。図 3-4 に表面散乱によるレーダ断面積の一般的な傾向を示す。滑らかな表面からの散乱では鏡面波が大きく、拡散散乱波が小さい。従って、低入射角ではレーダ断面積が適度に粗い表面

や粗い表面と比べて大きく、入射角が高くなると小さくなる。

(2) 散乱特性

道路の路肩に設置している距離標（$40 \times 18\text{cm}^2$）と方向指示板（$25 \times 40\text{cm}^2$）を例題に散乱特性について考察する。それぞれのRCSの理論値

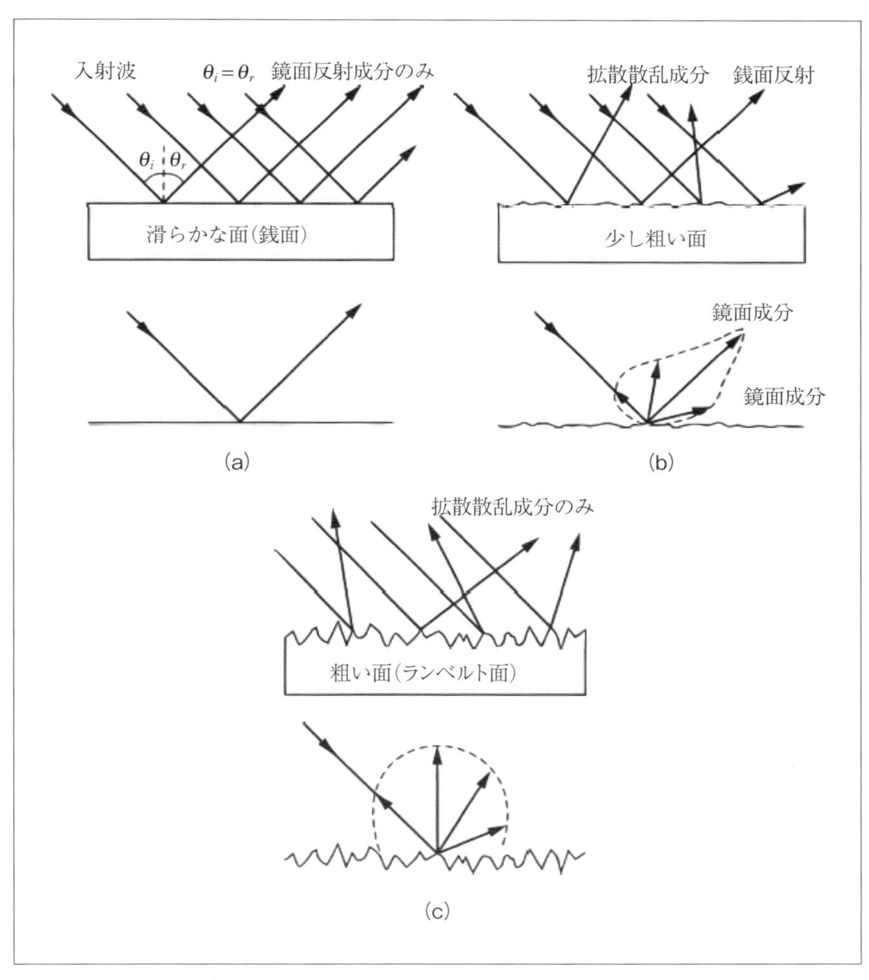

〔図 3-2〕表面粗さによる表面散乱の鏡面成分と散乱成分
（出典：大内和夫「リモートセンシングのための合成開口レーダの基礎 第２版」）

と実測値を示す（図3-5（a）（b））。なお水平角 θ は±15[deg]の範囲である。また方向指示標と距離標は表面が滑らかな同形の金属板のRCS値が次式から導出できるため参考のため示している[4]。

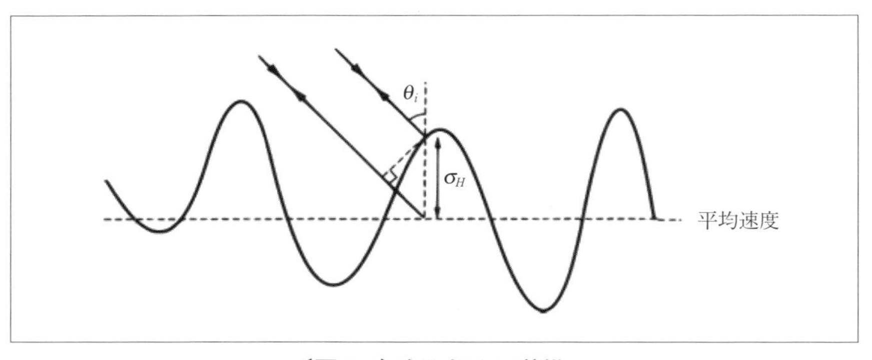

〔図3-3〕表面粗さの基準
（出典：大内和夫「リモートセンシングのための合成開口レーダの基礎 第2版」）

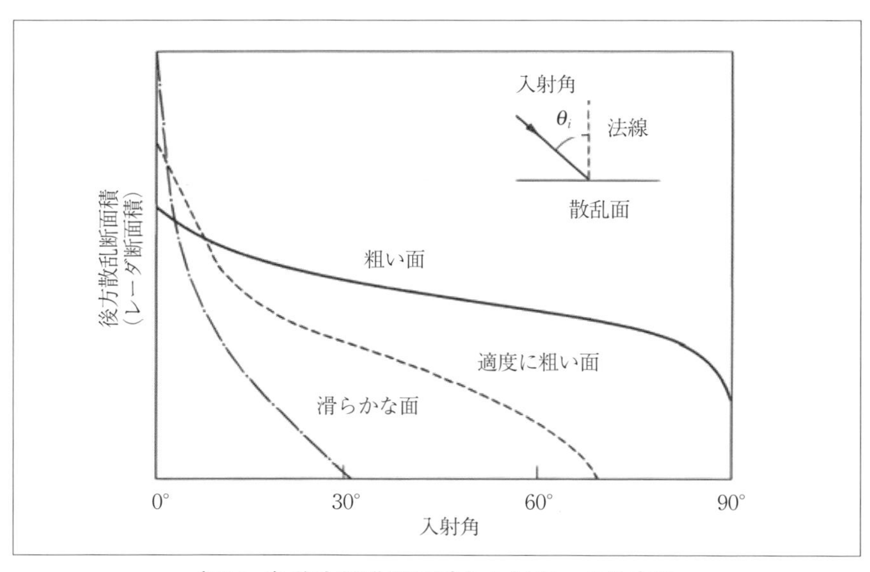

〔図3-4〕後方散乱断面積の入射角への依存性
（出典：大内和夫「リモートセンシングのための合成開口レーダの基礎 第2版」）

$$\sigma_{FlatPlate}=\frac{4\pi A^2}{\lambda^2}\left[\frac{\sin\left(\frac{2\pi}{\lambda}b\sin\theta\right)}{\frac{2\pi}{\lambda}b\sin\theta}\right]^2\cos^2\theta \quad \cdots\cdots\cdots\cdots\cdots\cdots \quad (3.2)$$

ここでは平板部の面積、λ は波長、b は平板の縦辺長、θ は平板への

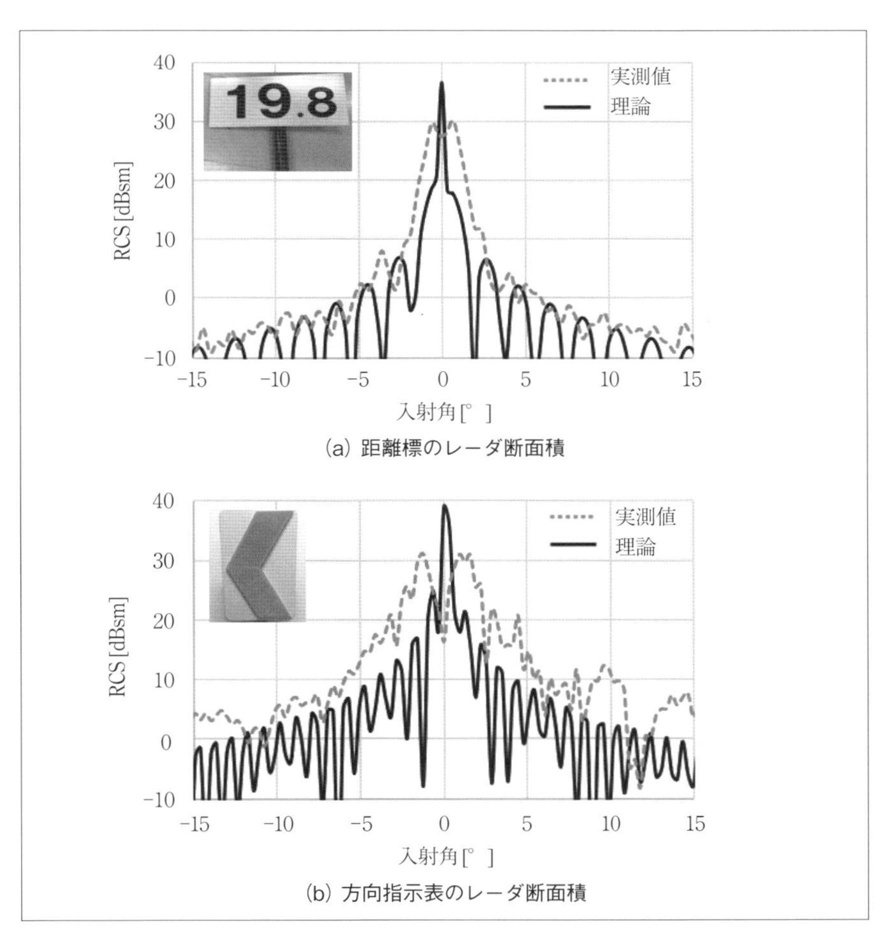

〔図 3-5〕物標のレーダ断面積（濃線は実測値，薄線は理論値）

入射角である。

距離標と方向指示板の実測値は正面方向の理論値に比べて、それぞれ約 8dB、10dB 小さい。この理由は距離標では、金属板に反射素材のシートが貼られており、その上に同じく反射素材で作られた数字のシート（厚さ 1mm 程度）が貼付されている。フィルムがない場合には滑らかな平板であるため反射波の位相はコヒーレントになると考えられるが、数字シールのエッジ付近では段差により粗い散乱面（ランベルト面）であり、各散乱波の位相がインコヒーレントになっていると考えられ、その結果として理論値に比べて約 8dB 低くなっている [13]。一方、方向指示板には金属平板の上に厚さ 1cm 程度の凸状の樹脂製反射材が被せてある。79GHz 帯の波長は約 3.8mm であり、樹脂製の反射材の厚みよりも小さい。従って、下の金属板からの反射波は樹脂製反射材を透過や屈折、または干渉により RCS 値が鋸の歯状になっている [6][7]。

このような透過や散乱特性、空間分解能などのミリ波の特徴を利用して、次章以下で述べる車載レーダやイメージング技術の新たな応用として、トンネルやマンション等のコンクリート内部のクラックや剥離の非破壊診断や非侵襲な血糖値測定等も検討されている [8]-[10]。

３.２.２　透過減衰特性

近年、ミリ波の特徴を活かした屋内高速無線通信や車載レーダ、見守りやヘルスケア技術が期待されている。このように屋内外でのミリ波利用に伴い、各システム間の干渉や障害対策が建築物や都市空間に求められるようになっている。そこで 79GHz 帯のミリ波での建築材料の窓ガラスと外壁の電波透過特性を図 3-6 に示す。ここで、比較のために 24GHz 帯準ミリ波の減衰特性を重ねている。同図では、住宅で用いられている① 5mm 厚の１枚ガラス、② 5mm 厚の１枚すりガラス（板ガラスの片面の表面を微細な凸凹加工し、光を散乱させて不透明にしている）、③ 6.8mm 厚の合わせガラス（3mm 厚の２枚の板ガラスの間に 0.8mm 厚の薄い特殊なフィルムを挟みこんで、強度と紫外線遮断効果を高めている）、④ 13.8mm 厚のペアガラス（２枚の５㎜板ガラスの間に２㎜の空間に乾燥空気を封入し、断熱効果を高めている）、⑤ 70mm 厚の内壁（２枚

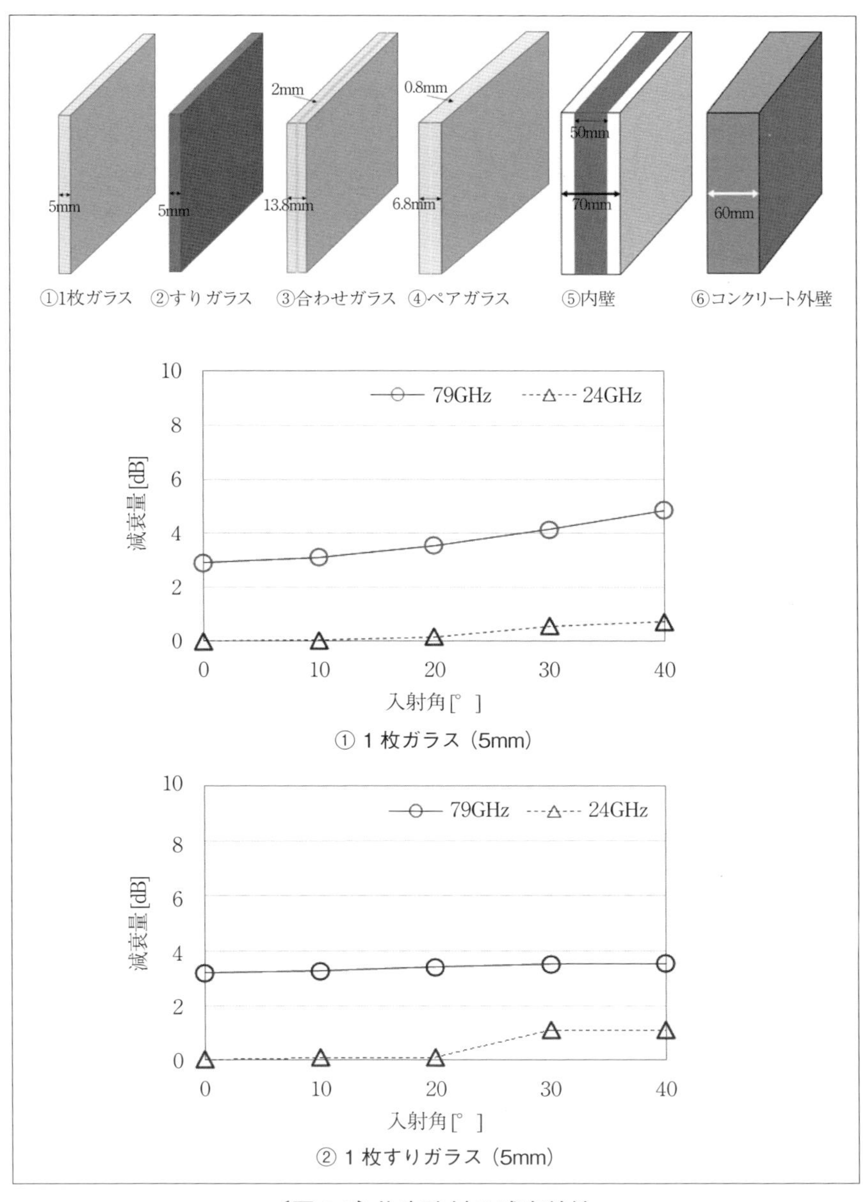

〔図 3-6〕住宅建材の減衰特性

石膏ボードと50㎜の断熱材)、⑥6.8mm厚のコンクリート外壁の減衰特性を示す。

一般に、ガラスの減衰特性は厚みによる周波数選択性とガラス自体の透過減衰に起因する。5mm厚の①の1枚ガラスと②のすりガラスでは、24GHzと79GHzの減衰特性に2～3dBの差異が見られる。この減衰量は、入射角が大きくなるとガラスを通過する経路長が長くなるため減衰量は入射角に比例して増加していることから透過減衰が支配的である。なお、

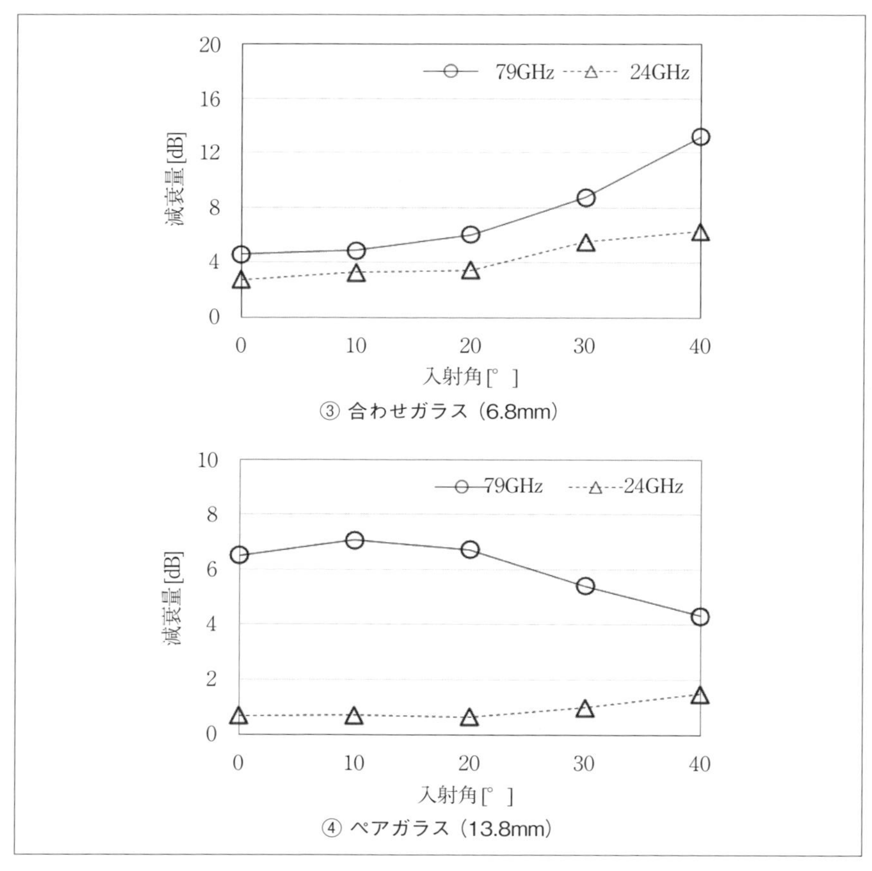

〔図3-6〕住宅建材の減衰特性

光が散乱しやすいように表面加工しているすりガラスでは、表面ラフネスが 79GHz の波長に比べて非常に小さいため表面加工の影響は小さい。③の合わせガラスの 79GHz では、入射角 10°付近でも最も大きくなっている。その理由として、ガラス自体の減衰は①で示すように小さいが、厚さが約 2.4cm ペアガラス構造をしているため周波数選択性をもっていると考えられる。すなわち 8GHz 帯では波長が 3.75cm であり、その半波長がガラスの厚さと同程度であるため合わせガラス間の空気層で電波

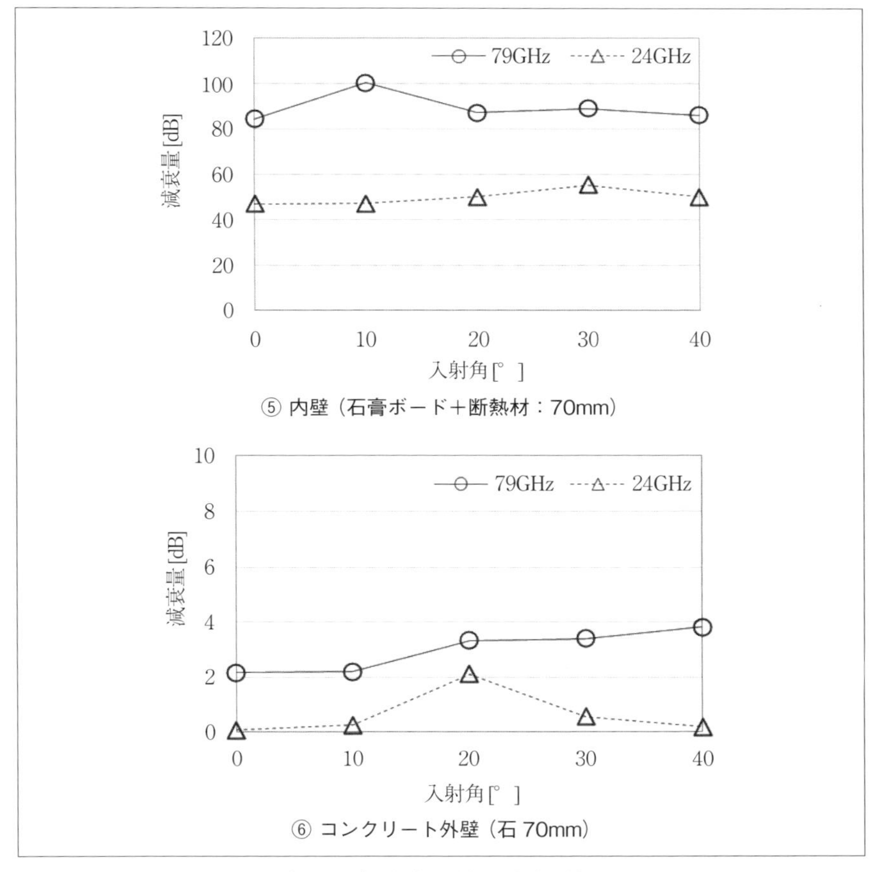

〔図 3-6〕住宅建材の減衰特性

が共振し（封じ込め）、透過しにくくなっている。④のペアガラスはフィルムシートが0.8mm厚と薄く周波数選択性はないため、入射角とともに減衰は大きくなっている。また⑤の内壁では、24GHzの入射角20°で2dBと大きくなっているが､要因としては断熱材でのキュオ審である。次に60mm厚のコンクリートでは、79GHzと24GHzではそれぞれ約80dB、40dBであり、入射角による違いは見られない。なお、79GHzの入射角10°で減衰が少し大きくなっているが、理由としてコンクリートに含まれている気泡による影響（気泡のサイズや気泡間の間隔）と考えられる。

3.3　レーダ断面積

(1) 計測方法

物標からの受信電力 P_r は、以下に示すレーダ方程式で表される [2]。

$$P_r = \frac{G^2 \lambda^2 \sigma}{(4\pi)^3 R^4} P_t \quad \cdots\cdots \quad (3.3)$$

ここで、送受信アンテナは同じで G はアンテナ利得 [dB]、λ は波長 [m]、σ はレーダ断面積（RCS）である。また計測系のシステム損失はないと仮定している [11]。

2-2 でも説明したが、物標に関する全ての情報はその RCS である σ に込められており、距離やレーダの送信電力に関わらず、物標固有の大きさを表す必要がある。そのために何かの基準が必要となる。そこで、このRCSを次式のようにレーダ断面積（レーダ後方散乱断面積）と定義し、Radar Cross Section（RCS）と呼ぶ。

$$\sigma = \sigma(\theta, \varphi) = \lim_{R \to \infty} 4\pi R^2 \left| \frac{E^2(\theta, \varphi)}{E^i} \right|^2 \quad \cdots\cdots \quad (3.4)$$

E_i は物標への入射電界、$E_s(\theta, \phi)$ は物標からの散乱電界を表し、また θ, ϕ は球座標成分である。

式（3.4）から $\sigma(\theta, \phi)$ は、物標に入射したエネルギーがどの方向にどれだけの強度で散乱するかを表しており、入射電力を全方向に均一に放射した場合と比べて特定の方向に放射される電力の比を表している。

しかし、このレーダ方程式は理想的な測定環境を仮定しており、実環境下で RCS を算出するためには測定系の損失等を考慮する必要がある。

そこで物標の RCS である σ は正確な RCS が既知の標準器を用いて以下の式で計算される [3-10]。

$$\sigma = \left(\frac{P_r}{P_0} \right) \cdot \left(\frac{R}{R_0} \right) \cdot \sigma_0 \quad \cdots\cdots \quad (3.5)$$

ここで R、P はそれぞれ物標までの距離とその受信電力、σ_R は標準コーナリフレクタのRCS[m^2]、σ_R は標準コーナリフレクタまでの距離とその受信電力である。

なお、RCS値は帯域幅に依存しないが物標以外からの不要反射波やマルチパスの影響を抑圧するために計測はW帯ベクトルネットワークアナライザ（VNA）を用いて図3-7のように電波暗室内で行われる。

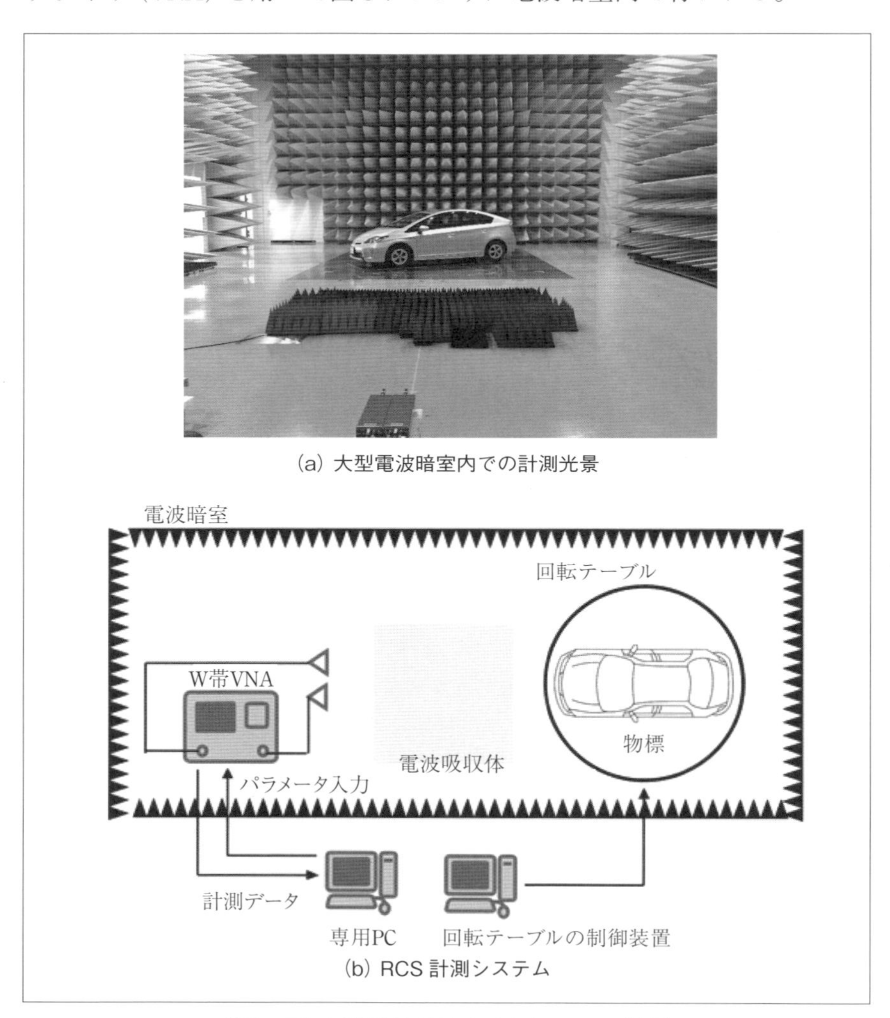

(a) 大型電波暗室内での計測光景

(b) RCS計測システム

〔図3-7〕大型電波暗室と車両のRCS計測

波長に比べて十分大きい代表的な金属製物標の後方散乱RCSを表3-1に示すが、物標のRCSは物標の大きさと表面粗さだけでなく、波長（周波数）にも依存する。また、3面コーナリフレクタは他の物標と比べてRCSが最も大きく、入射した方向に反射波を返すためレーダの受信電力校正用としてよく使用される。校正用の3面コーナリフレクタの大きさは一辺が8波長以上であることが望ましい。そのRCSと後方散乱パターンのメインローブ幅（指向性）を表3-2に示す。金属面の形が正方形の場合は、それを半分にした三角形の場合と比較すると、後方散乱の指向性は強くなり、またRCSの最大値は約10dB大きくなる。

(2) レーダ断面積

ミリ波帯は航空管制や船舶用で用いられているマイクロ波帯に比べると強い直進性と大気減衰のため、応用分野は中短距離用の車載レーダや屋内の物標検知が想定され、その最大探知距離は300m以下と短い。そのため対象とする物標として、車両、人、ドローン（DJI Phantom 3)、

〔表3-1〕代表的な形状のレーダ後方散乱断面積（RCS）

形状	レーダ断面積（RCS）	備考
球	πa^2	$2\pi a/(\lambda>10)$ a=radius
円形平板	$\frac{4\pi^3 a^4}{\lambda^2}\left[2\frac{j_1(u)}{u}\right]^2\cos^2\theta$	$u=4\alpha\sin\theta/\lambda$ θ=angle to normal
長方形板	$\frac{4\pi A^2}{\lambda^2}\left[\frac{\sin(kb\sin\theta)}{kb\sin\theta}\right]^2\cos^2\theta$	S=surface area,normal incidence
円柱	$\frac{2\pi a l^2}{\lambda}\left[\frac{\sin N}{N}\right]^2\cos\theta$	a=radius l=length $N=2\pi l\sin\theta/\lambda$ θ=angle to side normal
円錐	$\pi a^2\tan^2\alpha$	α=half angle a=base radius θ=O:nose on incidence

〔表3-2〕主なコーナリフレクタのレーダ後方散乱断面積

	RCS (max)	備考	メインローブ幅
方形三面コーナリフレクタ	$12\pi a^4/\lambda^2$	a=length	23°
二面コーナリフレクタ	$8\pi a^2 b^2/\lambda^2$	a=length, b=width	30°
三角三面コーナリフレクタ	$4\pi a^4/3\lambda^2$	a=length	40°

タイヤ、オイル缶、段ボール、ネジを例題に挙げて各RCS特性について述べる（各物標のサイズは図3-8参照）。なお、人は若い男性、車両はプリウスを用いた。なお、RCSを正確に導出するためには、物標を各方向から計測したときの反射信号強度のみを扱う必要がある。そこで、外部からの電磁波を遮断し、物標以外の反射がない電波暗室でRCS計測を行う。電波暗室の内部構造は金属などの導電性の材料で遮蔽し、帯電しないようにアースをした一種のファラデーケージとその外側を電波吸収体（電磁波を吸収する材料、またはそれで作られた構造体）で構成されている。しかし、実際の計測では回転テーブルや電波吸収体からの反射波が少なからず存在するため、物標が存在するレンジビン内に不要反射波が入り込まないように工夫する必要がある。

① RCSと周波数帯域幅

想定される物標のRCSは見る角度により大きく変動する傾向がある。これは照射角が変わると物標上の複数散乱点もそれぞれ移動するためであり、特に複雑な表面形状の物標に対して各散乱波間の位相関係により

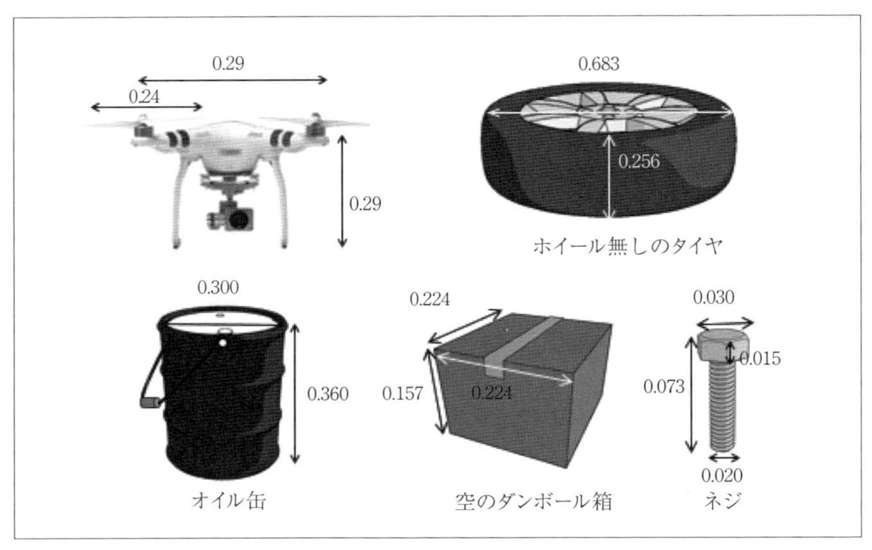

〔図3-8〕各物標のサイズ

干渉を起こすためRCSも大きく変動する。このため帯域幅によってRCSの角度特性が異なる。そこで車両（プリウス）の角度（方位）方向のRCSチャート（79GHz帯）を図3-9に示す。ここで右半円は2GHzのUWBレーダのRCS角度分布、そして左半円は10MHz帯域幅の狭帯域レーダのRCS分布である。なお、270°が物標（車両）の正面方向を示す。同図から狭帯域レーダでは、細かい角度ピッチで20dB以上に及ぶ変動（シンチレーション）が見られるが、UWBレーダの角度変動は緩やで変動幅も数dBと小さい。理由として、受信信号は車両表面が多数の散乱点の集合体として構成されているため、帯域幅が広くなると散乱波の距離分解能が向上し、散乱波同士が干渉する確率が小さくなるため変動幅が減少する。次に車両（プリウス）と人のRCSの確率密度を図3-10に示す。同図（a）から車両のように入射角によって照射面積が異なり、また複雑な物標のRCSはワイブル分布で近似（モデル化）できることを示しており、文献[12]と一致している。このように、人は比較的対称的な形状をしており、無線通信におけるマルチパスの信号強度と同じように対

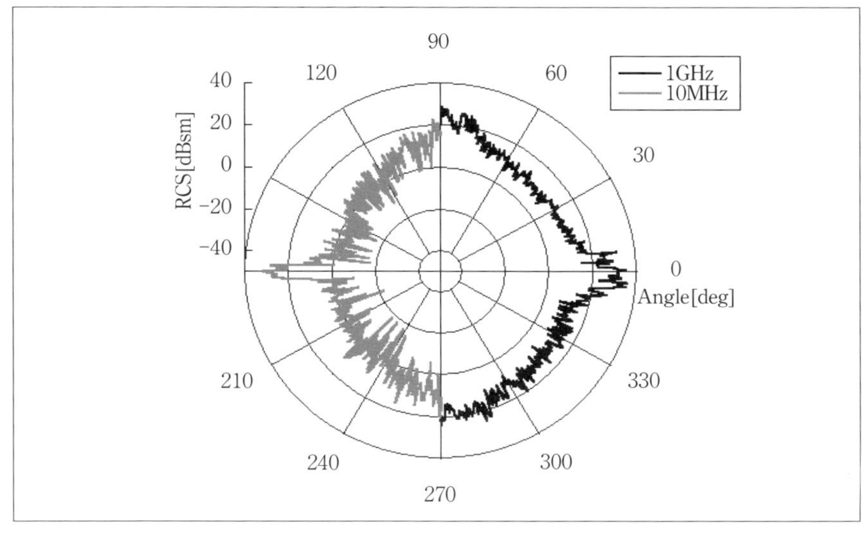

〔図3-9〕RCSと周波数帯域幅（車両、右半円：1GHz、左半円：10MHz）

数正規分布で近似できる。また24GHz帯、60GHz帯、79GHz帯についてドローンのRCSの強度分布を図3-11に示す。ドローンは比較的複雑な形状をしているが、人と同じように対称的な形状をしているため対数正規分布に近く、また平均値は周波数とともに大きくなっている。

② RCSと周波数

マイクロ波とミリ波帯における車両と人のRCS（平均値と中央値）を図3-12に示す。同図からRCS分布が対数正規で近似できるため平均値と中央値は概ね一致しており、またRCSは周波数に比例して大きくな

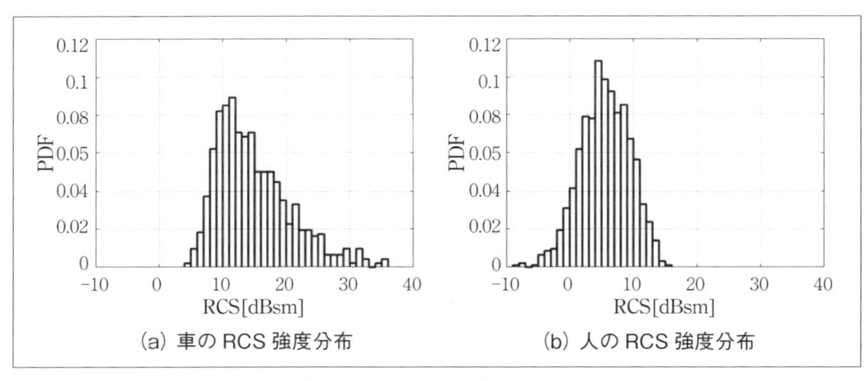

〔図3-10〕RCSの強度分布

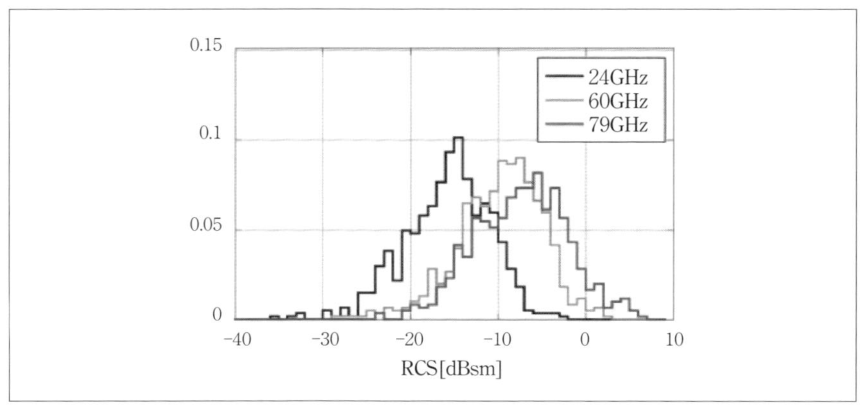

〔図3-11〕各周波数帯域に対するRCSの強度分布（ドローン）

っている。人と車両のRCSを比べると、車両のほうが周波数に対する増加率が高い。その理由として車両は人に比べて波長に対してフラット

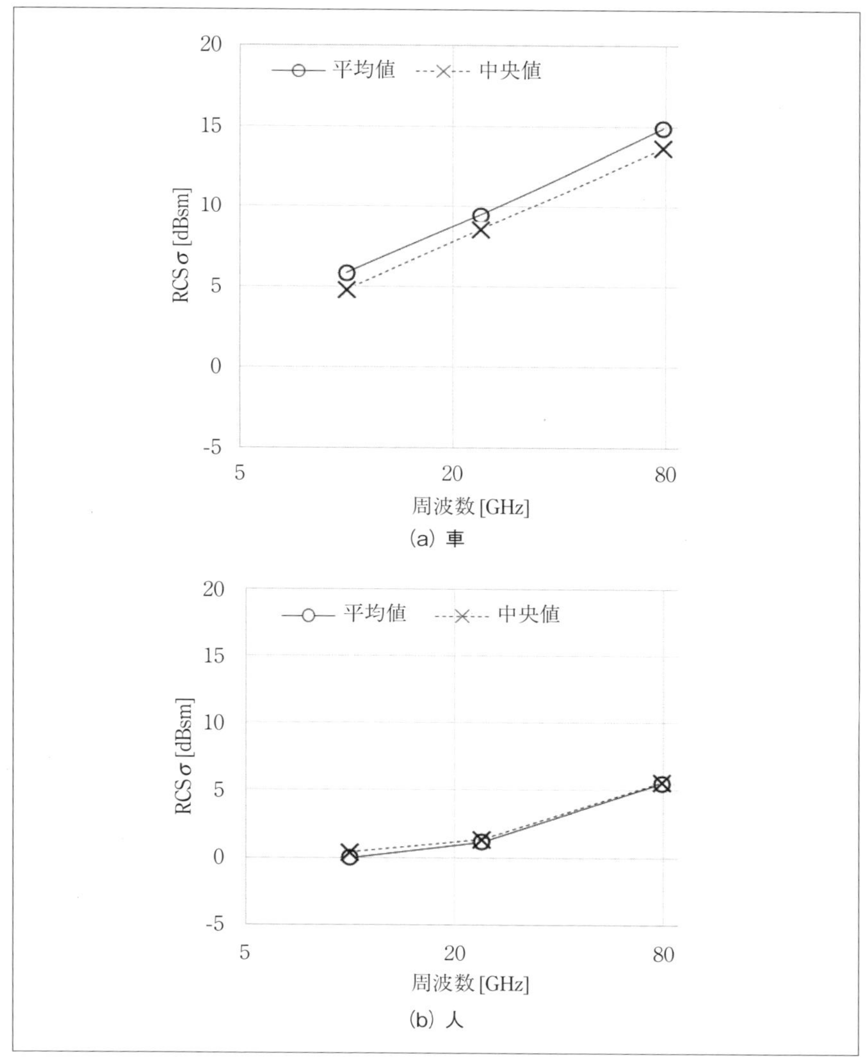

〔図3-12〕車と人の平均RCSと周波数

な表面が多いためであると考える。

③各物標の RCS

車両や人、ドローン、タイヤやオイル缶、段ボール、ネジなどの RCS（送受信ともに垂直偏波）をそれぞれ図 3-13 (a)～(g) に示す。同図から、79GHz と 24GHz とともに、オイル缶を覗いて、レーダ波の物標への照射面積が大きいほど、その ECS が大きくなる傾向にある。例えば、平均照射面積は、車両＞人＞タイヤ＞箱オイル缶、ドローン、段ボール＞ネジの順であるが、概ね RCS もそのようになっている。なお、オイル缶の胴体部には深さ 6mm のビード（輪帯）が２本と深さ 8mm の蓋接合部がある。このため、24GHz の RCS が大きい理由として、ビードが二面コーナリフレクタのように動作し、正面以外でもビードと胴体表面からの反射波が同相で干渉しているためである。またタイヤでは角度依存性は小さいと考えられるが、溝の影響で 8dB も変化している。またラフな物標の RCS の変動幅が大きい。例えば、ドローンやネジは、同図 (c) (e) に示すように本体に比べてローターが大きく、またネジもその径に比べてネジ山は相対的大きい。従って、RCS の変動は、相対的表面粗さに依存していると考えられる。なお、誘電率が小さい段ボール箱は立方形で表面が滑らかであるが、全方向に散乱している、このように、正規反射は少なく、散乱波が支配的である理由として、透過したミリ波がハニカム（波状）構造の紙材の中で反射したためである。以上については、垂直偏波で照射し、垂直偏波で受信した場合の RCS 特性である。しかし、物標の表面形状は、垂直方向と水平方向のラフネスは異なる。そこで、同じタイヤと段ボールの RCS について水平偏波で照射し、水平偏波で受信した場合（V-V）の RCS を図 3-14 に示す。タイヤは４本の深いトレッドがあり、その影響によって水平偏波でのタイヤの RCS は図 3-13 (d) と大きく異なっているが、ダンボール箱については大きな差異は見られない。なお、ホイールがついたタイヤの平均 RCS はホイールなしに比べて４～5dB 大きくなる。

④物標サイズと RCS

表 3-1 に示したように代表的な形状の物標の RCS は物標の大きさとと

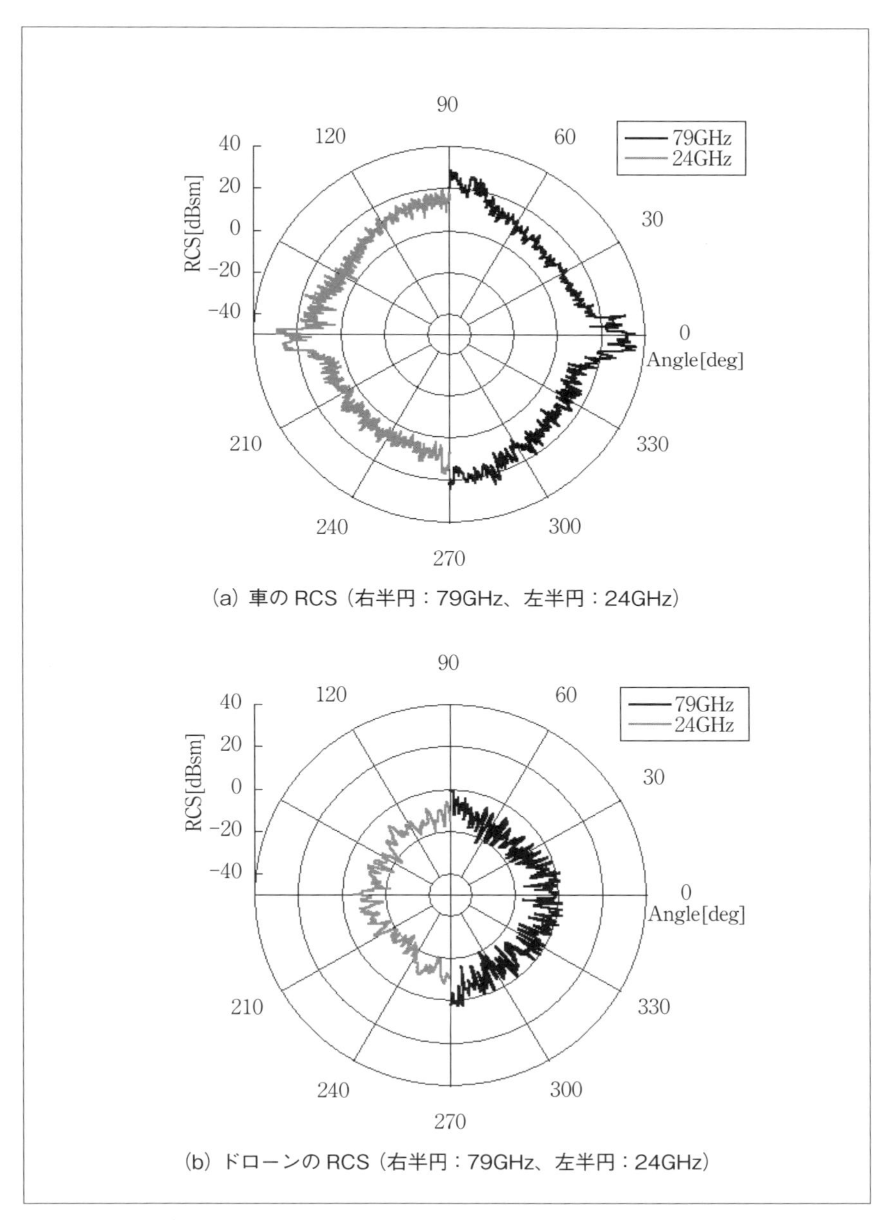

(a) 車の RCS（右半円：79GHz、左半円：24GHz）

(b) ドローンの RCS（右半円：79GHz、左半円：24GHz）

〔図 3-13〕79GHz と 24GHz の RCS 特性（垂直偏波）

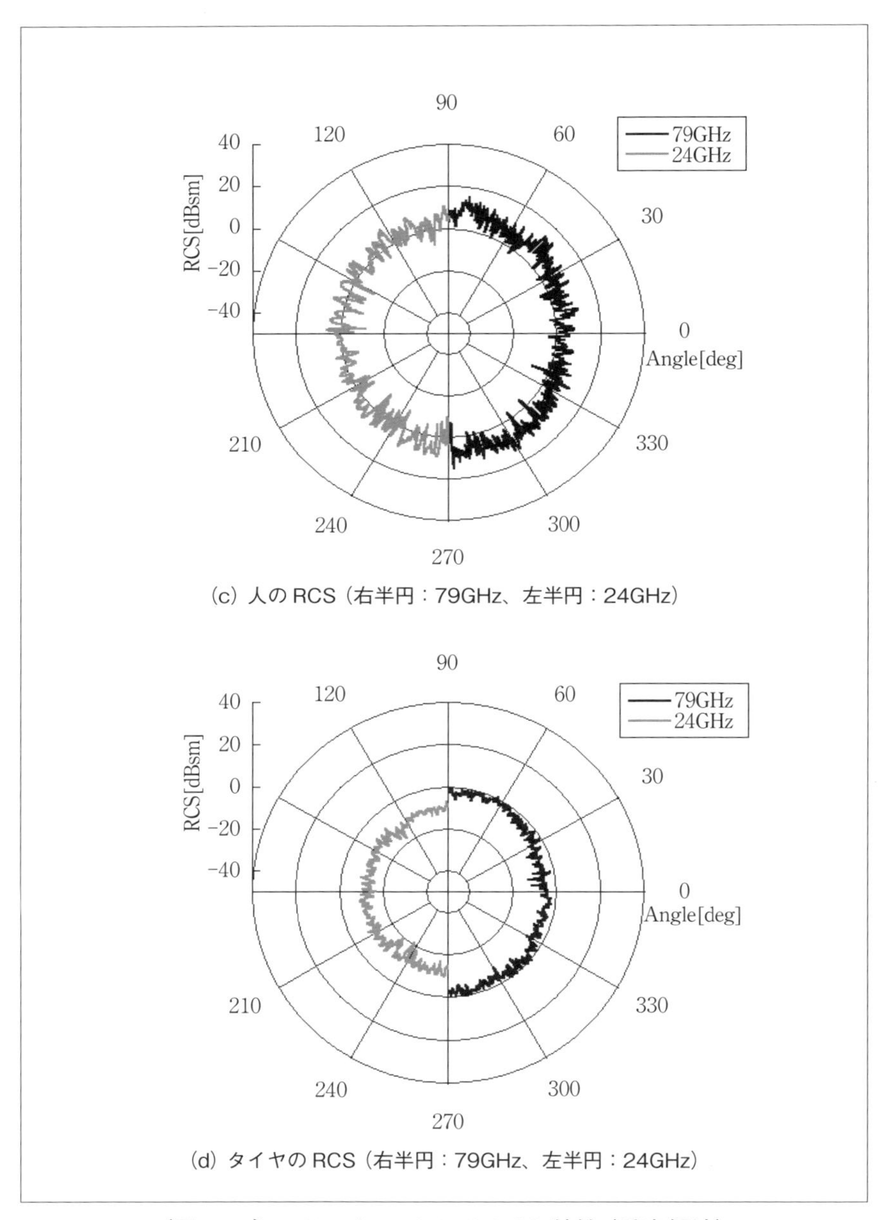

(c) 人の RCS（右半円：79GHz、左半円：24GHz）

(d) タイヤの RCS（右半円：79GHz、左半円：24GHz）

〔図 3-13〕79GHz と 24GHz の RCS 特性（垂直偏波）

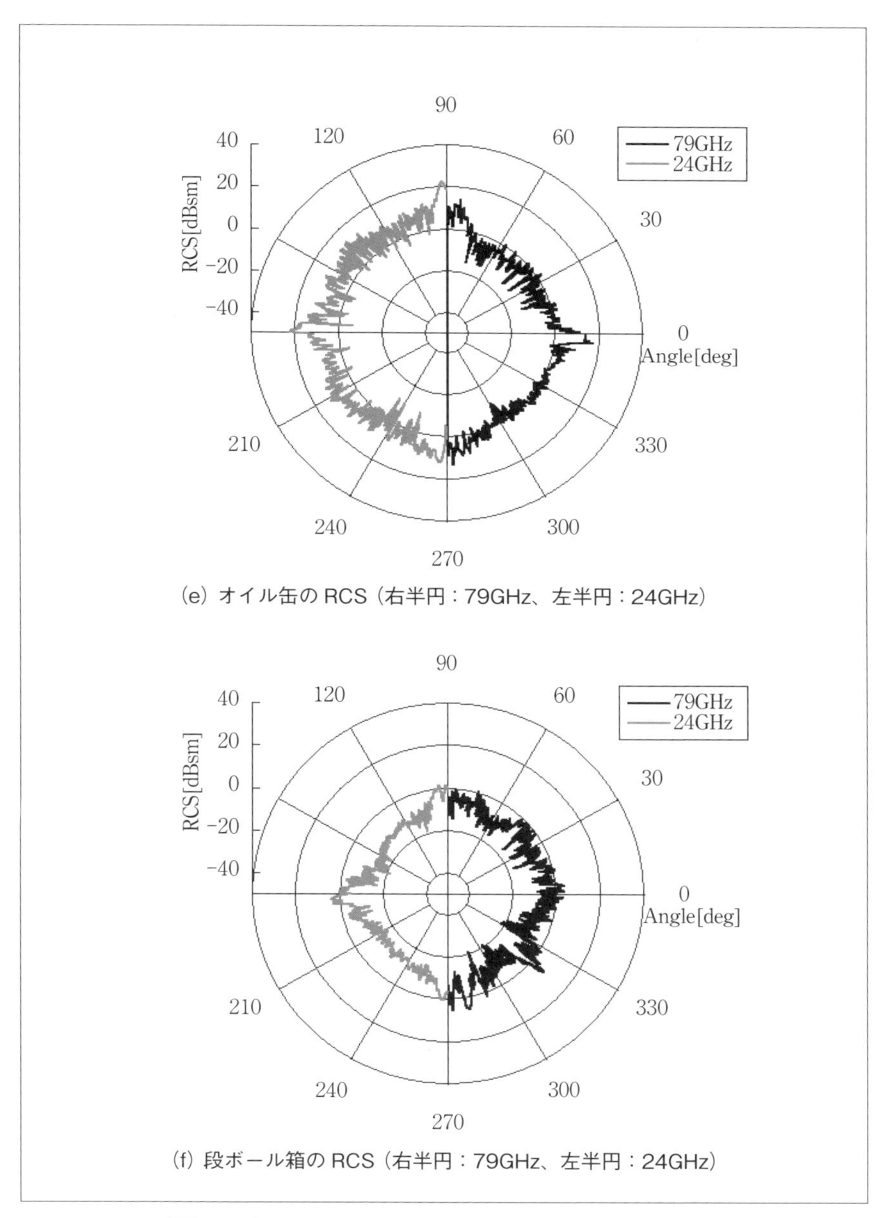

(e) オイル缶の RCS（右半円：79GHz、左半円：24GHz）

(f) 段ボール箱の RCS（右半円：79GHz、左半円：24GHz）

〔図 3-13〕79GHz と 24GHz の RCS 特性（垂直偏波）

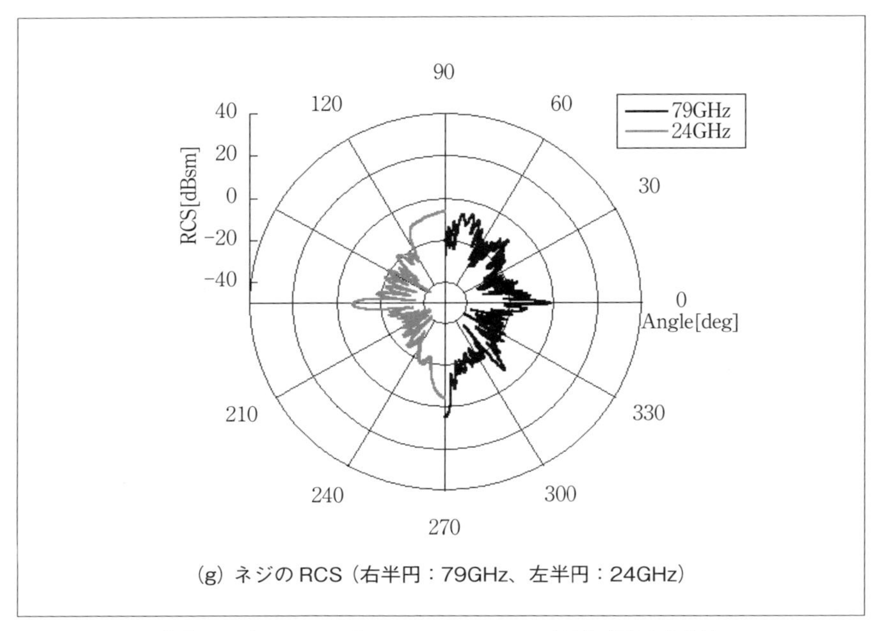

(g) ネジのRCS（右半円：79GHz、左半円：24GHz）

〔図3-13〕79GHzと24GHzのRCS特性（垂直偏波）

もに大きくなる。しかし実際の物標は形状が複雑で物性値も異なる。そこで垂直および水平偏波について、大きさが異なる物標に対するRCSを図3-15に示す。同図の横軸はアジマス方向における平均照射面積、縦軸は垂直偏波における平均RCS値である。また直線と破線は79GHz、24GHzの平均RCS値の近似直線である。同図から79GHzのRCSは比較的近似直線に沿って散布しているが、表面に凸凹が多い物標ほど直線から外れている。また同じ物標でRCSは79GHzのほうが24GHzに比べて大きくなる傾向があるが、波長とうまく干渉するような表面構造を持つ場合には79GHzのRCSは小さい。

以上から垂直偏波と水平偏波に対する平均RCSはそれぞれ次式で近似できる。

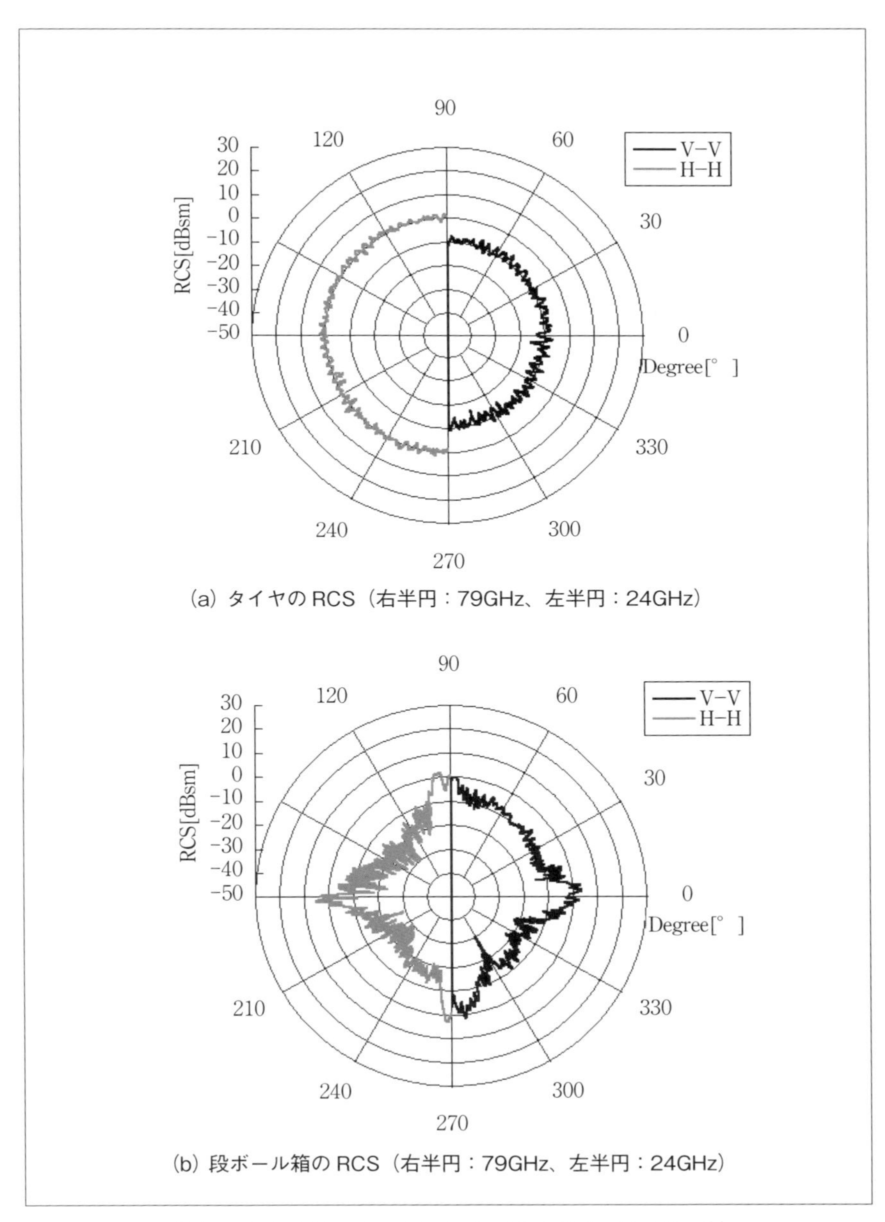

(a) タイヤのRCS（右半円：79GHz、左半円：24GHz）

(b) 段ボール箱のRCS（右半円：79GHz、左半円：24GHz）

〔図3-14〕79GHzと24GHzのRCS特性（水平偏波）

$$\sigma_{VV}[dBsm]=10.46\cdot log_{10}(S_A)-0.732 \quad \cdots\cdots\cdots\cdots \quad (3.6)$$

$$\sigma_{HH}[dBsm]=8.12\cdot log_{10}(S_A)-2.976 \quad \cdots\cdots\cdots\cdots \quad (3.7)$$

ここで S_A は投影面積 [m^2] である。

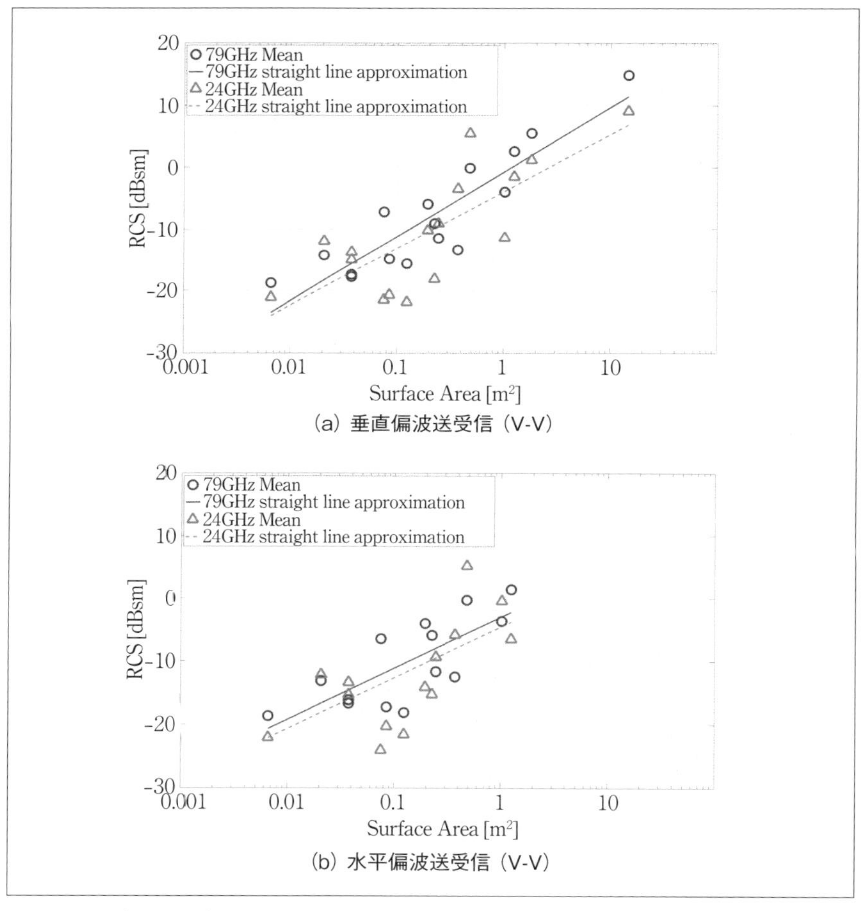

〔図 3-15〕物標サイズに対する RCS（79GHz と 24GHz 帯）

３．４　クラッタの正規化 RCS

対象とする物標が路面のように面上に広がるか、または雨のように立体的に広がりを持つ場合には受信電力は物標の広がりによって大きく変化する。またアンテナビームの広がりによっても RCS 値が異なるため広がりを持つ物標に対して新たな定義が必要である。そこで照射している面内（Footprint）に存在する物標の RCS を次のように表す。

$$\sigma_0 = E\left[\frac{\sigma_i}{\Delta A_i}\right] \quad \cdots\cdots \quad (3.8)$$

ここで、σ_i は照射面積 ΔA_i の RCS である。従って、σ_0 は単位面積あたりの RCS を広がり全体の平均と定義している。この値は sigma zero とも呼ばれ、単位は m^2/m^2 または $dBsm/m^2$ と無単位の値になる。従ってアスファルト道路のように照射面積内の分布が一定である場合には路面クラッタの RCS は、$\sigma = \sigma_0 \Delta A_i$ で表される。このように σ_0 は面積で正規化された正規化 RCS であり、広がりを持つような路面や海面、森林などの物標の RCS に用いられる。

L 帯（1 ～ 2GHz）、X 帯（8 ～ 12.5GHz）、Ku 帯（12.5 ～ 18GHz）における北米地域のグランドクラッタ（地表面の散乱の強さ）を図 3-16 に示す[2]。しかし、ミリ波帯のクラッタに関する報告は少ない。そこで、高速道路で用いられる排水性アスファルト、カラーアスファルト、コンクリート舗装路面のクラッタの正規化 RCS を図 3-17（a）（b）（c）に示す。排水性アスファルト路面は他の路面に比べて凸凹が荒いため直下方向での σ_0 が小さい。また全ての路面クラッタについて、同図から路面の表面がラフなため正規反射は小さく、また俯角が 20°以上では σ_0 は－10 ～ $0dBm/m^2$ と比較的大きい、例えば、車載レーダの運用を考えるとビームを水平方向に照射する場合には路面の影響は極めて小さく、路面クラッタよりも受信機内雑音が支配的である。

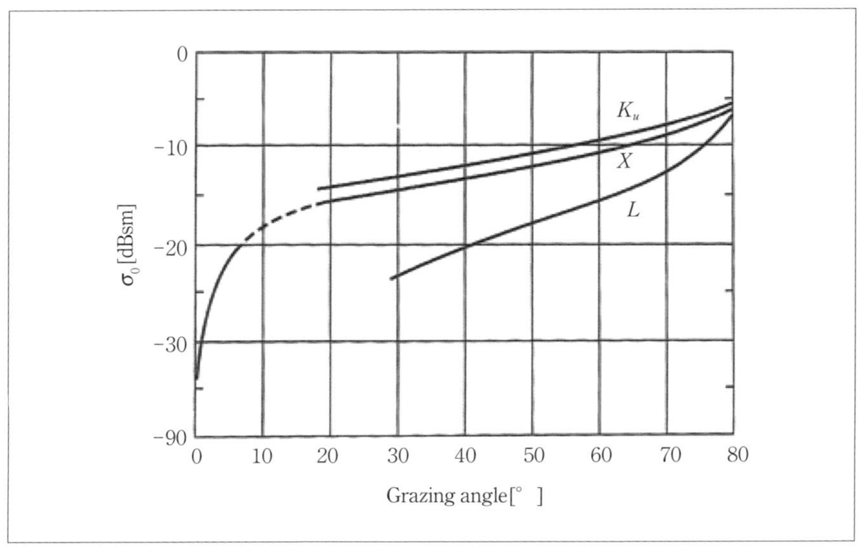

〔図 3-16〕グランドクラッタ
（出典：Introduction to radar systems, by M. Skolnik）

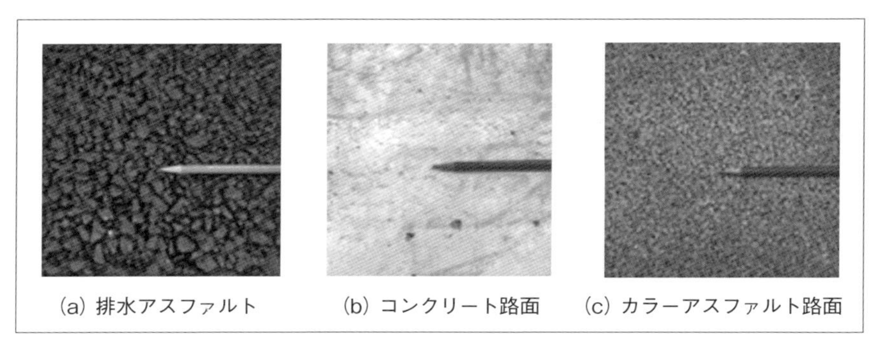

(a) 排水アスファルト　(b) コンクリート路面　(c) カラーアスファルト路面

〔図 3-17〕79GHz 帯の排水アスファルト路面の RCS 特性

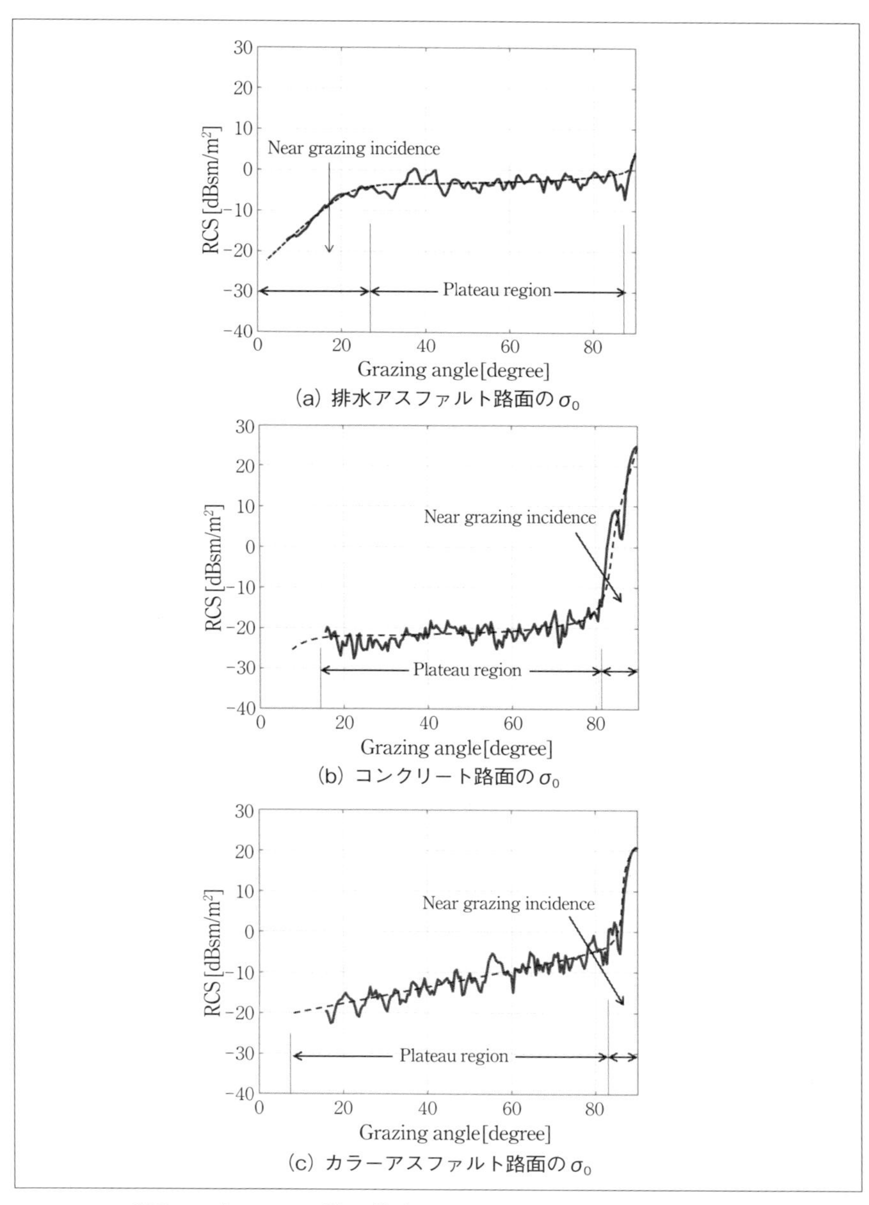

〔図 3-17〕79GHz 帯の排水アスファルト路面の RCS 特性

参考文献

[1] 吉田孝, "改訂　レーダ技術," 社団法人電子情報通信学会，Jun. 2005.
[2] M.Skolnik, " Radar Handbook, second edition," McGraw-Hill, 1990.
[3] N.Currie, C.Brown, "Principles and applications of millimeter-wave radar," Artech House, Apr. 1987.
[4] N. Currie, "Radar Reflectivity Measurement" , Artech House, Apr. 1995.
[5] 大内和夫 , "リモートセンシングのための合成開口レーダの基礎 ," 東京電機大学出版局 , Jan. 2004.
[6] 内山一樹 , 本村俊樹 , 梶原昭博, "路上構造物を用いた自車位置推定のための 79GHzUWB レーダによる RCS 測定 ," 電学論 C, Vol.138, No.2, pp.106-111, 2016 年 2 月
[7] 本村俊樹, 内山一樹, 梶原昭博, "79GHz 周辺監視レーダにおける車両の方位別 RCS 特性比較" 電気学会論文誌 C, Vol.138, No.2, pp.118-123
[8] 永妻忠夫, 岡宗一, "ミリ波イメージング技術と構造物診断への応用 ," NTT 技術ジャーナル 2006.6
[9] 二川佳央, "ミリ波透過および反射を用いた非侵襲血糖値の計測," 国士舘大学理工学部紀要, 第 4 号 (2011)
[10] 吉野涼二, 遠藤哲夫, "屋内電波環境推定のための一般建築材料の透過反射特性に関する実験的検討" , 大成建設技術センター報第 38 号 (2005)
[11] 伊藤信一, "レーダシステムの基礎理論," コロナ社, 2015
[12] W. Buller, B. Wilson, L. van Nieuwstadt, and J. Ebling, "Statistical modelling of measured automotive radar reflections," Proc. of IEEE Int. Instrumentation and Measurement Technology Conf. (I2MTC) , pp. 349-352, 2013.

4.
車載用ミリ波レーダ

自動車の安全走行を支援する重要な技術として、前方監視レーダが注目されて久しいがその実用化も始まり、国内外での開発競争は活発になっている [1]-[3]。この間、ミリ波帯の平面アンテナや MMIC（Microwave Monolithic IC：モノリシック・マイクロ波集積回路）の開発により小型・軽量化が飛躍的に進み、また高速 DSP（Digital Signal Processing）技術と共にレーダの性能も一段と向上している。これまで上級車に限定されていた前方監視レーダも低価格化が進み、コンパクトカーや軽自動車にまで拡大している。また前方だけでなく、後側方など近距離の周辺全体を監視する周辺監視レーダの実装化も進んでいる [4]。本章では初めに安全走行支援技術や自動走行の課題について述べ、4-2 で車載用ミリ波レーダ技術について概説する。また 4-3 で複数物標を同時に検知する周辺監視技術を、そして 4-4 節で自動走行において重要な自車位置推定技術について述べる。

４．１　安全走行支援技術と課題

我が国の交通事故件数は減少傾向にあるもののまだ年間50万件も起きており、4,000人近くの命が失われている。この交通事故の大半を占めるのがドライバーの認知・判断・操作におけるヒューマンエラーであり、安全走行支援システムとはこのヒューマンエラーをエレクトロニクス技術によって予防し、危険回避操作を補完するシステムである。例えば、その一つとして高速道路でのACC（Adaptive Cruise Control：車間距離制御）システムがある[1]。ACCは前方走行車との車間距離や相対速度を計測し、安全な車間距離を保てるようにドライバーへ警告し、また急接近などで衝突の危険がある場合には速度を自動制御する技術である。しかし、実際の走行環境は、突然の歩行者の飛び出しや隣接車の割り込み、自然環境の急変による視界や路面状況の悪化などがあり、安定した認知・判断・制御を行うためには高度な全天候型センサ技術が必要となる。これまで車線維持支援（LKA）や歩行者検知などには画像センサ（ナイトビジョン用途には遠赤外画像）、駐車支援には画像や超音波センサ、そして100～200m先の前方や20～30m以内の周辺監視にはミリ波または準ミリ波レーダなどが開発されている。各センサの特徴を表4-1に示す。カメラ画像は物標のクロスレンジ（方位角）分解能が高いが、距離分解能はステレオカメラを用いたとしても50m前方で50～60cmと低い。また西日やトンネル出口など照度変化に弱く、自動走行で不可欠な車線検知などでは高解像度化や高ダイナミックレンジ化が今後の課題である。またLIDERのようなレーザレーザは3D分解能に優れ、

〔表4-1〕車載センサの特徴

		HDR可視画像	レーザ画像	ミリ波レーダ
基本性能	3D分解能	◎	○	△
	高精度測距	△	○	○
自然環境	降雨	×	△	○
	濃霧	×	×	○
	降雪	×	×	○
	夜間	×	○	○
	照度変化	×	○	○

JARI Research Journalから引用

照度変化の影響を受けにくいが、カメラ画像と同様に光を用いているため雨や雪、霧などによる減衰は避けられない。

一方、全天候性や照度変化に優れたレーダは複数物標を同時に検出し、その距離・速度・角度情報から前方の走行車を特定している、しかし、走行時には車両だけでなく、クラッタと呼ばれるガードレールなど路側物からの不要反射波も受信される。図 4-2 に 24GHz 帯レーダ（1GHz レーダ帯域幅）により計測した受信信号（レンジプロファイル）の例を示す。同図では走行車両だけでなく、多くのクラッタが見られ、閾値判定だけで車両を検知識別することは難しく、またレーダ帯域幅が狭くなると近接した複数車両を分離することも難しくなる。このように車載レーダの重要課題の一つは「複雑な走行路でも検出ミスをしない」ことであり、そのためにはクラッタを取り除き、目標とする車両や歩行者等を確実に分離・識別することが重要である。このためには (1) 距離分解能や角度分解能を上げることによるクラッタ抑圧および走行車両とクラッタの分離、(2) 分離した車両の特徴抽出による識別、(3) 時空間処理による誤検出や不検出の防止などが必要である。このため、車載用レーダは

〔表 4-2〕車載レーダシステムの現状

レーダシステム	24GHz (NB)	26GHz (UWB)	77GHz	79GHz (UWB)
日本	200MHz	4.75GHz (2016 年末迄)	0.5GHz	4GHz
米国	250MHz	7GHz	1GHz	4GHz
欧州	200MHz	5GHz (2021 年末迄)	1GHz	4GHz

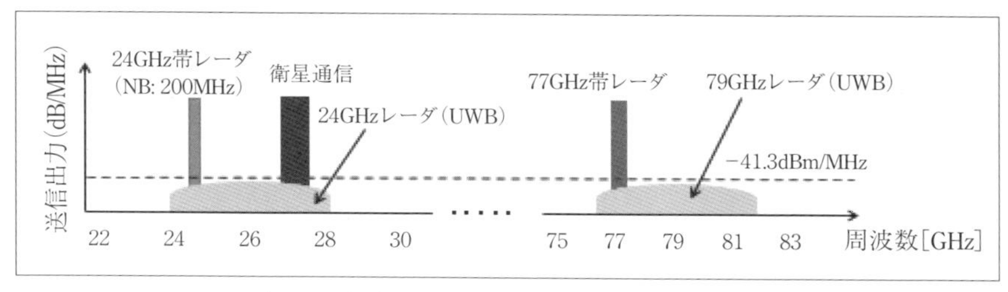

〔図 4-1〕車載レーダの周波数スペクトル

遠方の物標だけでなく、近距離の物標も高精度に検知することが求められている。近年では、自動走行の研究開発が各国で活発に進められており、天候などに左右されない安全走行支援や自車位置推定のための高信頼性周辺環境認識技術が求められている。

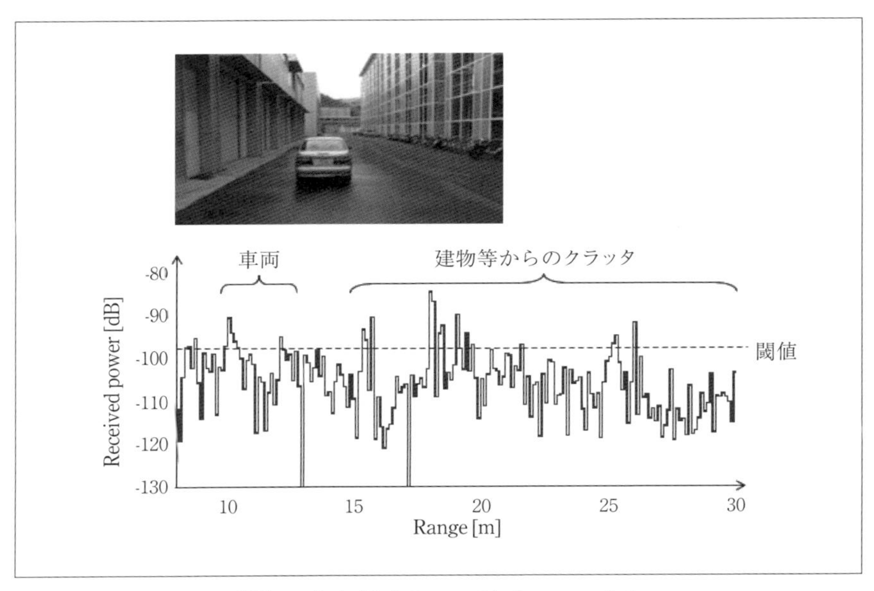

〔図 4-2〕走行時のレンジプロファイル

4.2　車載用ミリ波レーダ

現在、車載レーダとして76GHz帯のミリ波と24GHz帯の準ミリ波が割り当てられ、2017年には79GHz帯（77～81GHz）の利用も可能になった。なお、24GHz帯はISM帯（Industrial, Science and Medical Band：産業科学医療用帯域）で、他の無線システムとの共用帯域である。それぞれ一長一短があるが、例えば76GHz帯は波長が短いためビームを絞りやすく遠距離までの広い範囲（狭角・遠距離）を、一方24GHz帯は広い方位角方向に広い範囲（広角・近距離）に適している。なお、車載用ミリ波レーダに要求される基本的性能要件として、距離と方位角、速度などがある[5][6]。

【距離検出】

車載レーダには様々な検出方式が利用されているが、例えばパルス方式ではパルス幅やパルス繰返し周期によって距離分解能、最小検知距離、最大探知距離が決まる。このため遠方の物標を高精度に検知しようとすると高い送信尖頭電力が必要になる。また近傍の物標に対して高精度な検知が求められているが、パルス方式ではパルス幅以下の測距精度は難しい。現在、多くの車載用レーダではFM-CW方式が利用されている。しかし、多目標環境では、ペアリング処理の誤作動により正しい相対速度と距離の推定が困難となる。このため鋭いビームで遠方を監視する前方監視レーダでは利用できるが、方位角方向に広い範囲を監視する周辺監視レーダでは難しい。近年、この課題を解決する方法として高速チャープ（FCM）方式が注目されている。のこぎり波状に周波数が高速変化する送信波の一つの波形を1チャープとすると、FCM方式は複数チャープをFM-CW方式と比べて短い周期で送信し、物標からの各反射波を送信波との直接検波によって得られたビート信号を2次元FFTしている。これにより複数物標からのビートが同じでも位相差により分離・識別が可能である。これまで高速シンセサイザによるFM変調とDSPの高速化がFCM方式の課題であったが、高周波デバイスと演算装置の性能向上により実現可能になった。

【方位検出】

図 4-3 に示すように狭ビームを機械的または電子的に角度操作することによって方位角を検出する。この場合、方位分解能はビーム幅で決まる。方位分解能は、同じ車線を走行している車両と隣接車線の車両を分離する必要があり、例えば車線幅を 3.5m とすると距離 100m で自車線と隣接車線の車との角度は約 2°であるためそれ以下の方位分解能が必要になる。また狭ビームの走査範囲については、道路がカーブしていても前方の車両を検知する必要があり、例えば半径 250m のカーブでは 100m 先の前方車両との角度は 11°であるためアンテナの角度範囲はそれ以上必要に なる [8]。近年では、アンテナと DSP 技術の高度化によりデジタルビームフォーミング（DBF）による複数物標の検知が可能になった。しかし、DBF の解像度は低く、近接した物標の分離・識別が難しい。そこで無線通信で用いられている MUSIC（Multiple Signal Classification）や MIMO（Multiple Input Multiple Output）技術の利用が検討されている。

【速度検出】

走行時には , 走行車両の相対位置関係が頻繁に変わるが、物標との相対速度も速く、数十 ms の頻度で取得データを更新していく必要がある。

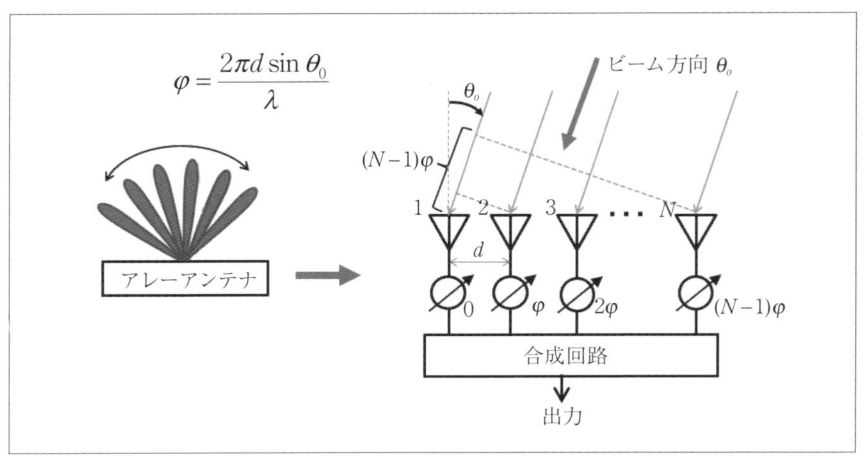

〔図 4-3〕アンテナビームの角度操作（電子走査の例）

また自車両との相対速度から、ガードレールなどの路上物標と走行車両との区別や車両の動きを予測することも必要である。このため空間的に分離できなくても相対速度の差（ドプラ）から複数車両を分離するために相対速度分解能も重要になる。また、路上には多くの車両が走行し、多くのクラッタの中から目標とする物標をリアルタイムで分離・認識できる信号処理も必要となる。例えば、2次元FFT処理（距離方向とドプラ方向）により距離と速度を検出しているFCMレーダでは、高速に周波数を遷移させるため観測時間が短くなり、FM-CW方式に比べて周波数（速度）分解能が劣化する。そこで速度分解能を上げるためにさらに高速なDSP技術が必要になる。

【特徴量と車両識別】

複数の目標車両を正確に検知し、追尾するためには、各物標（車両）を正確に識別することが重要である。これまでイメージング技術を用いた形状推定や物標識別に関する研究が行われている。しかし、ウェーブレット変換（Wavelet Transform）を用いた3次元形状推定は静止物標であり、信号処理が複雑になりリアルタイム性の観点から車載レーダに適用することは難しい。そこで、受信信号（レンジプロファイル）を移動平均し、その特徴量から物標識別することが可能である[9]。この方法は、荷重パルス積分後のレンジプロファイルから目標車両の特徴量を推定し、その相関処理によって検知・識別している。図4-4（a）の環境下で

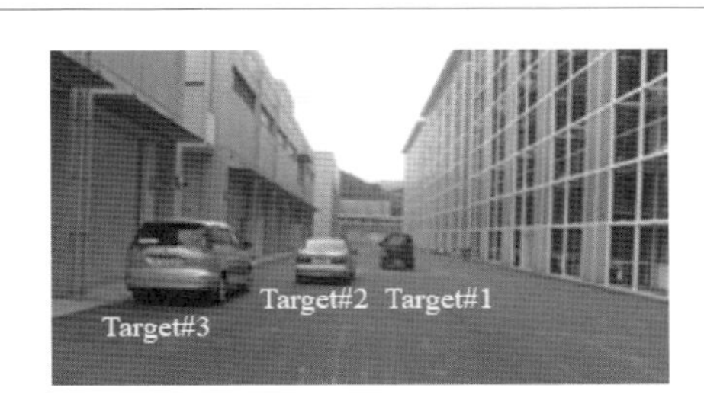

(a) 計測環境

〔図4-4〕走行車両の特徴量

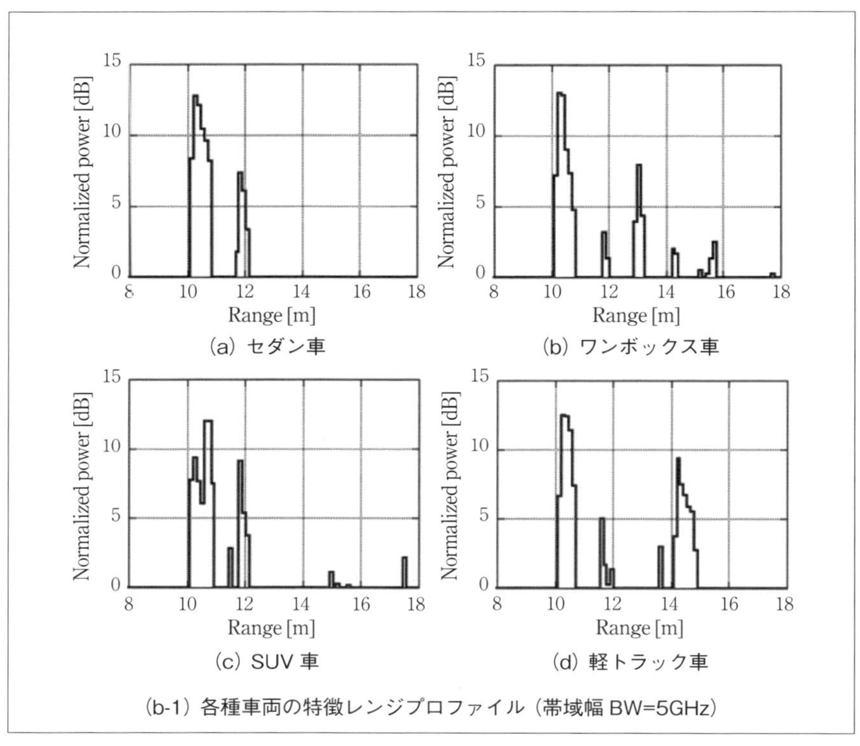

〔図 4-4〕走行車両の特徴量

取得したレンジプロファイルを同図 (b) に示す。ここでレンジプロファイルは帯域幅で決まるレンジビン毎に量子化されている。同図よりバンパーもしくは車体後部の特徴成分が最も大きく、レンジ方向にいくつかの特徴成分の存在を視認できる。特に帯域幅 BW=5GHz では各目標車両の特徴が顕著に現れており、SUV 車は後部に設置してあるスペアタイヤと後部ドア面が分離されていることからその特徴を如実に表している。また BW が狭くなるにつれてレンジビンが大きくなることから細かい特徴成分がなくなるが各車両固有の特徴が存在することもわかる。以上より、荷重パルス積分としきい値判定を用いた特徴プロファイル抽出法により厳しい路上クラッタの中からでも複数車両を検知および追尾

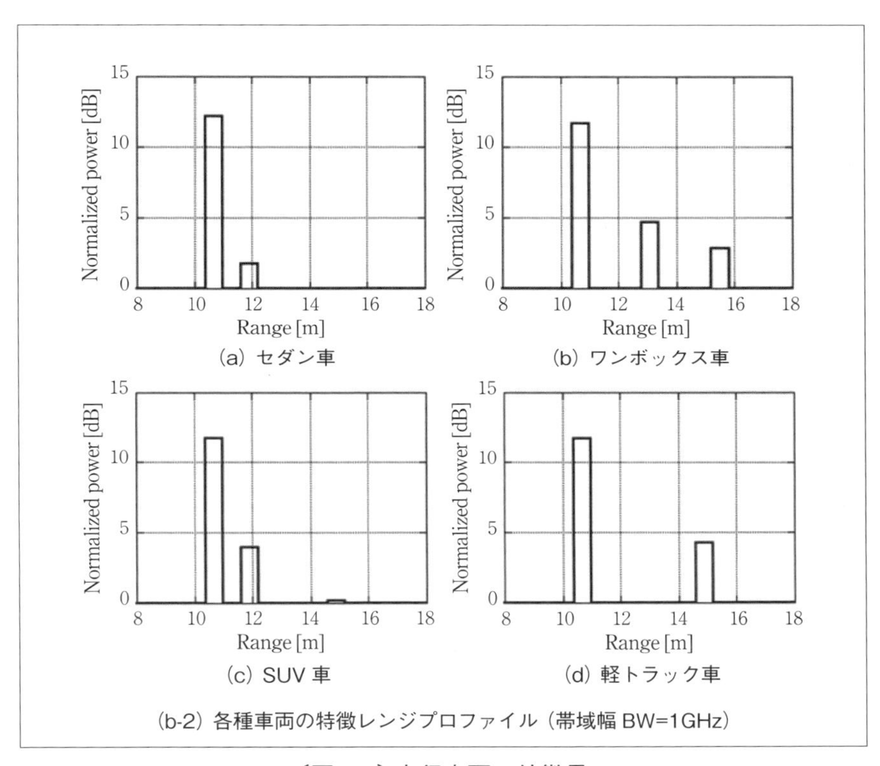

(a) セダン車　(b) ワンボックス車

(c) SUV 車　(d) 軽トラック車

(b-2) 各種車両の特徴レンジプロファイル（帯域幅 BW=1GHz）

〔図 4-4〕走行車両の特徴量

することができる。

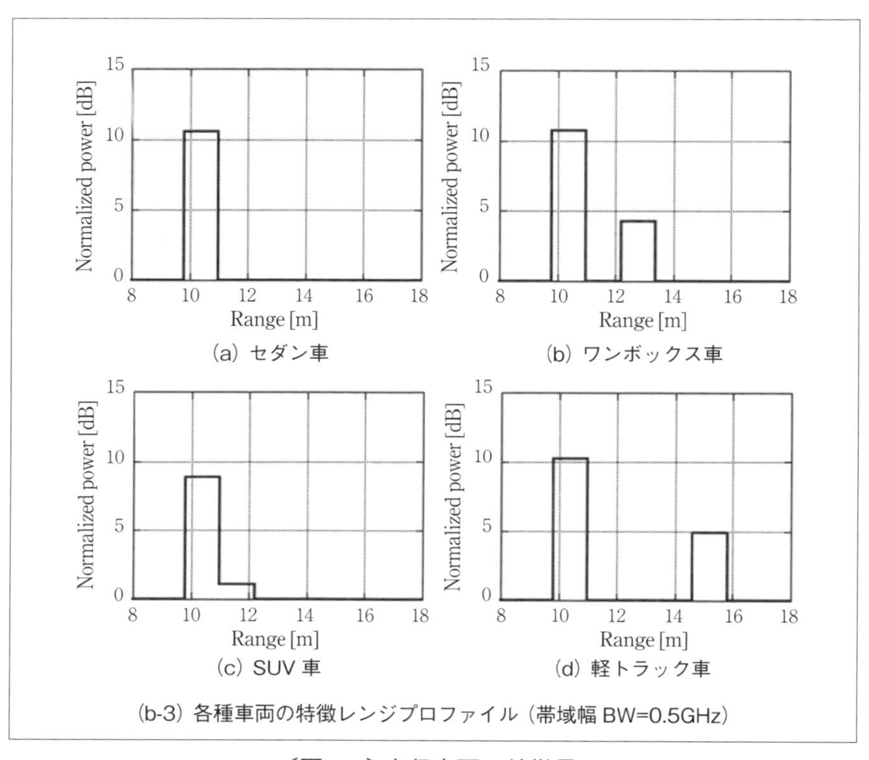

(b-3) 各種車両の特徴レンジプロファイル（帯域幅 BW=0.5GHz）

〔図 4-4〕走行車両の特徴量

4．3　周辺監視技術

これまで多くの周辺監視技術が報告されているが、その中から時空間を利用した技術を概説する。

①周辺監視技術の例 1

79GHz 帯高分解能レーダの受信信号から距離、角度、速度を軸とした 3 次元の直交空間における反射強度分布を抽出することができる。この反射強度分布から､対象とする物標は大きな反射強度をもつと仮定して、閾値処理によって物標を構成する点群を検出する。なお、検出で用いる閾値は、3 次元空間上の点ごとに周囲の反射強度から計算する。検出した点の座標（距離、方位、速度）が物標の情報となるがレーダが抽出する物標の位置は距離と角度で決まるので、クラスタ化した点群から各物標の大きさと速度は物標識別に有効な情報となる。なお、物標識別処理は、検出した物標が車両か、自転車か、歩行者などかを識別する信号処理では、予め前処理によって抽出した各物標の特徴量を機械学習によって行うことも可能である。

しかし、以上のような点群による検知・識別技術では信号処理の負担が大きくなる。そこで、距離と時間を軸とした 2 次元の時空間処理からクラッタ（路上の固定物標）の識別と複数の物標（車両や歩行者など）の情報を同時に抽出する技術を述べる [10]。図 4-5（a）に示す道路環境下において 24GHz 帯 UWB レーダ（1GHz 帯域幅：距離分解能に相当するレンジビン 15cm）で計測した受信信号（時間 - レンジプロファイル）を図 4-5（b）示す。同図から計測車両の前方 16m、14m、10m 付近に車両 #1、#2、#3 からの反射波が存在するが、車両以外にも人工建造物や路面などからのクラッタも多く存在し、そのいくつかは車両からの反射波強度よりも大きい。このため同じレンジビンの信号を積算するパルス積分処理よりこれらのクラッタを抑圧し、検知特性を改善することができる [5][6]。しかし、低 SC 比（信号対クラッタ比）では積分回数が増大し、相対速度を持つ車両からの信号を効果的に積算するためには、前処理として各反射波のドプラシフトからレーダ搭載車両との相対速度を検出する必要がある。そこで同図に示す時間－レンジプロファイルに着目すると、距離分解能が高い各反射波の軌跡は独立しており、加速度が生じなければ各軌跡は直線になる（少なくても数秒の観測時間では直線）。またその軌跡の傾きはレーダ車両と目標車両の速度差（時間－レンジプロファイルにおける各反射波の移動距離とデータ取得時間より算出）に相当する。従って、時間－レンジプロファイルから各反射波の軌跡を検出し、その傾きである速度情報から物標とクラッタを効果的に検知・識別することが期待できる。また速度情報と信号強度からバイクなどとの識別も可能である。例えば、画像処理で用いられる特徴抽出法の一つで多くの分野で使用されているハフ変換を用いて時間－レンジプロファイル上の各反射波の軌跡を推定する技術を述べる [6][10]。なお、各軌跡の傾

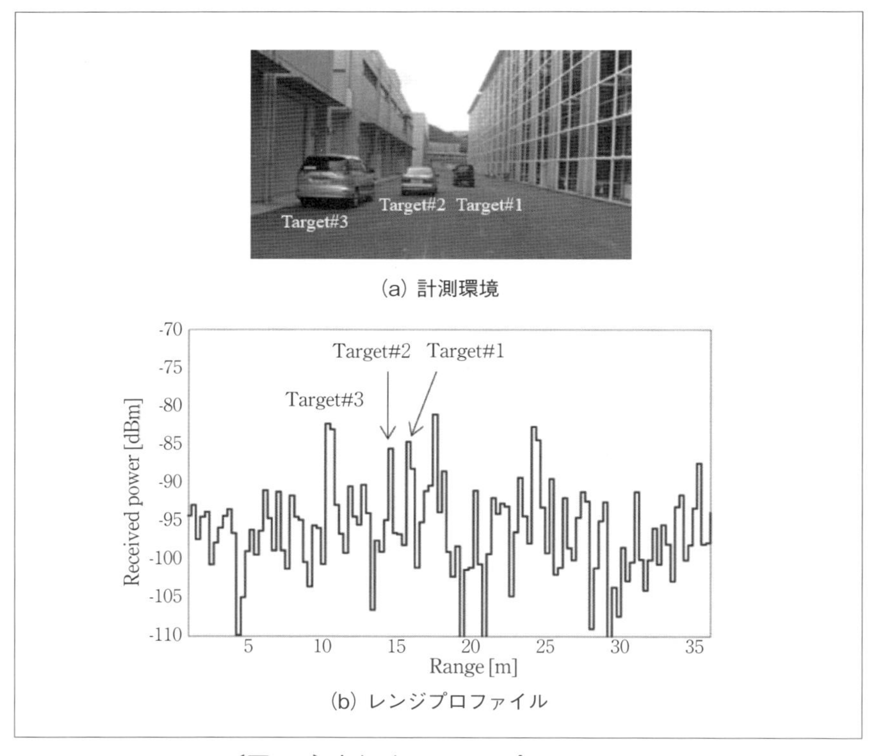

〔図 4-5〕走行時のレンジプロファイル

き（ドプラ）から複数物標とクラッタの同時検知・識別も可能であり、クラッタが多い路上環境下において効果的な検知・識別法であると考えられる。図4-7にハフ変換による検知・識別アルゴリズムを示す。ここで、図中のセグメントとはハフ変換処理されるM個のレンジプロファイルで構成される観測時間内の時間 - レンジプロファイルである。まず閾値処理では、雑音成分を除去する次にハフ変換により直線抽出処理を行うが、多くの直線が検出され、物標とクラッタ以外の擬似的な直線（以下、疑似直線）も検出される [11]。しかし、各セグメントで検出された直線での識別は難しく、複数車両とクラッタの同時検出は期待できない。そこで、直線検出処理では隣接するセグメント間で検出された各直線の傾きと切片が一致（各直線の連続性）するものを選択する。これは、各セグメントで抽出する疑似直線にはランダム性があるが、車両やクラッタなどの反射波の軌跡は連続性があり、隣接するセグメントで直線は一致するためである。最後に、ドプラ推定・識別処理では選択された直線から速度を推定し、各物標とクラッタの分離・識別を行う。

図4-8 (a) は時間 - レンジプロファイルを8bit量子化した疑似画像である。次に疑似画像をハフ変換した結果を同図 (b) に示す。同図より多くの直線が視認できるが、この中には疑似直線も含まれているためドプ

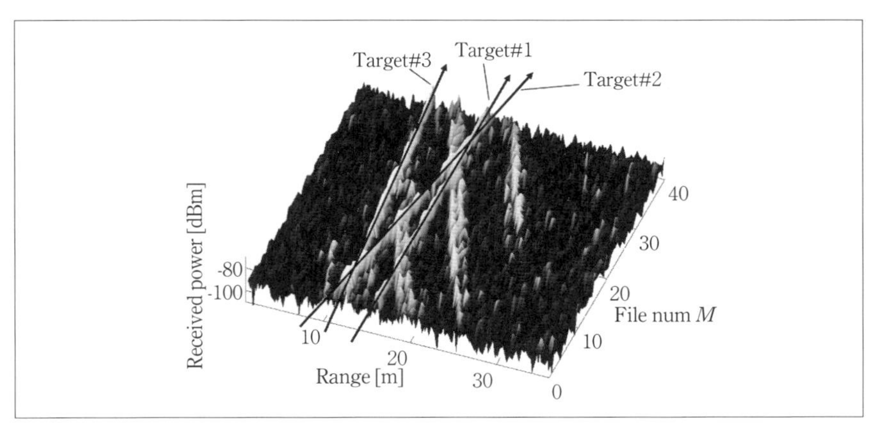

〔図 4-6〕時間一受信信号

ラから物標やクラッタの軌跡直線のみを識別することは難しい。そこで、隣接するセグメント間で連続する直線を軌跡直線として検出するアルゴリズムを適用した結果とドップラから算出した速度を同図（c）に示す。同図から5本の直線（Line#1～#5）が視認できる。ここで、細線のLine#4、#5は速度が非常に小さいことからクラッタの軌跡直線であると判断できる。そのため、太線のLine#1、#2、#3は対象とする物標（車両）と考えられ、速度もほぼ一致していることからドプラ情報から複数物標とクラッタの一括検知・識別が可能になる。

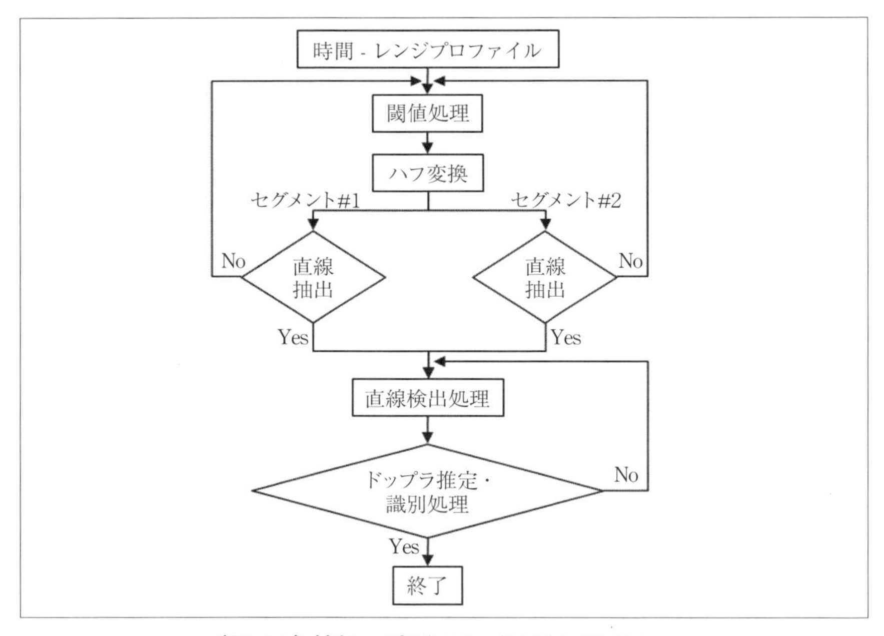

〔図 4-7〕検知・識別アルゴリズムのフロー

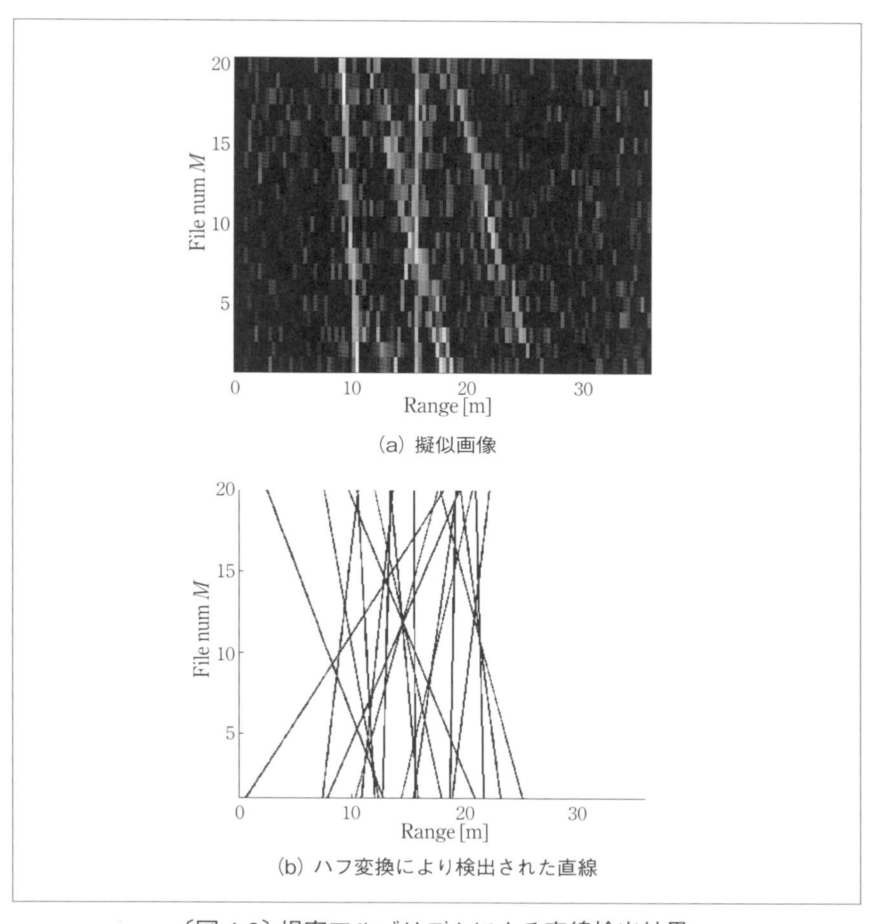

(a) 擬似画像

(b) ハフ変換により検出された直線

〔図 4-8〕提案アルゴリズムによる直線検出結果

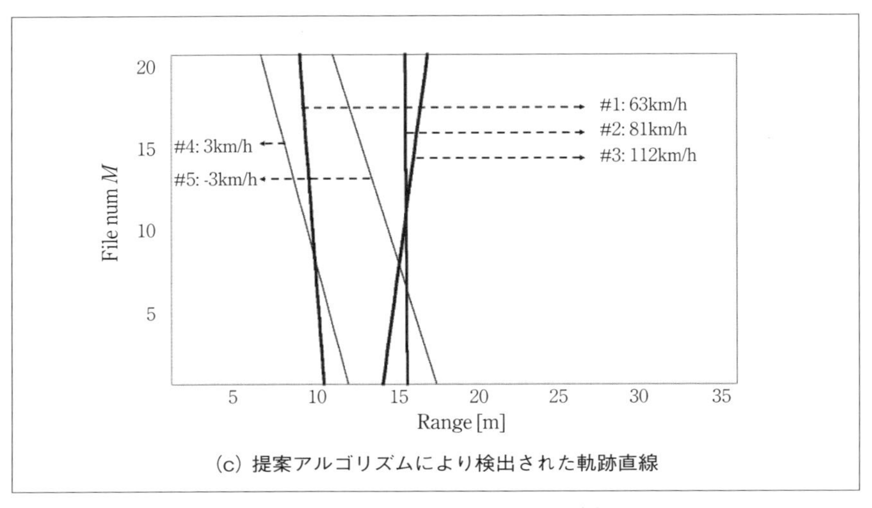

(c) 提案アルゴリズムにより検出された軌跡直線

〔図 4-8〕提案アルゴリズムによる直線検出結果

②周辺監視技術の例 2

周辺監視レーダでは、複数個のアンテナで自車両の全周をカバーするために各アンテナのビーム角も広くなる。例えば、図 4-9 のような後側方監視のシーンを考えると距離情報だけで複数の斜め後方の 2 車両を分離できない。そこで､角度分解能を向上させる技術として MIMO がある。一般に、現在の車載レーダでは、搭載性とビーム走査機能を両立するために平面アレーアンテナが用いられている。そこで、2 章で述べたステップド FM レーダについて従来の IDFT 処理ではなく、高分解能処理である 2 次元位置推定の 2D-MUSIC（Multiple Signal Classification）法を用いることにより各反射波の距離と到来方向を同時推定し、物標の 2 次元位置推定を行う 2D-MIMO 技術を述べる [12]。ここでは、ステップド FM 信号による直交周波数信号を同時送信し、チャネル取得を行う。このため、車載レーダの従来のハードシステムと周波数帯域を維持しながら各周波数信号において MIMO チャネルを取得できる。これにより、MIMO チャネルから仮想アレーを構成することで受信アンテナ開口長の増加を目指し、角度分解能が向上することを確認する。しかしながら、各物標

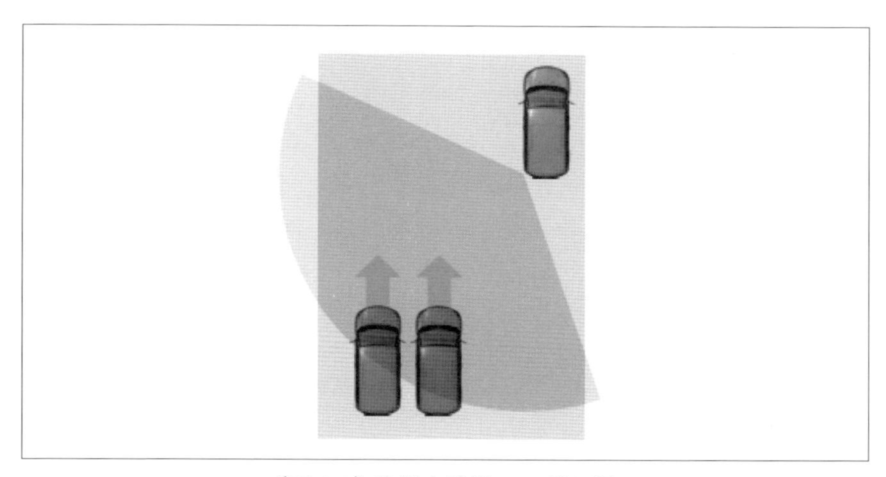

〔図 4-9〕後側方監視レーダの例

間のユークリッド距離が小さい場合やマルチパス環境では相関の強い到来波が入射するため、高分解能技術の一つであるMUSIC法において空間平均法（Spatial Smoothing Processing）による相関抑圧前処理が必要となる[12]。そこで、ステップドFM方式における自由度の高い周波数掃引を利用した周波数方向拡張型の空間平均を利用し、ステップ数を変化させた場合における到来波の相関を抑圧できる。図4-10に2D-MUSIC処理を用いたステップドFM-MIMOレーダの距離・到来角の2次元スペクトルを示す。ここで、2次元スペクトルは最大値（信号ピーク値）で規格化している。また、目標車両位置はCar1を（−6°、11.4m）、Car2（6°、11.4m）としている。図4-10から近接した2車両を距離と角度分解能の向上により分離している。

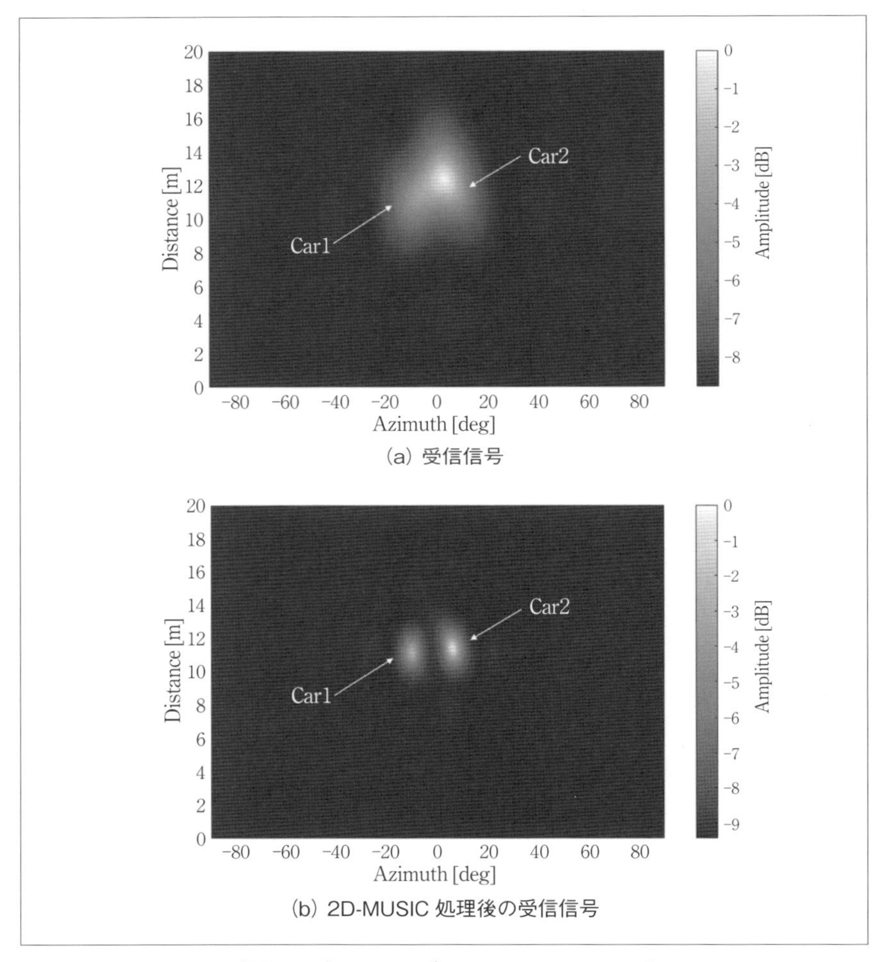

（a）受信信号

（b）2D-MUSIC 処理後の受信信号

〔図 4-10〕ステップド FM-MIMO レーダ

４．４　自車位置推定技術

重要な自車位置推定技術の一つとして、車線維持が挙げられるが、現在のシステムはカメラやレーザによって白線を認識し、車両を制御している。しかしながら白線は高速道路では敷設されているが一般道路では白線が敷設されていない道路も存在する。またカメラ等は雨や霧、逆光などの悪天候時に特性が劣化し、また白線が敷設されていても積雪などによって白線が認識できない場合にはLKAは動作しない[7][12]。そこで周辺監視技術として一般道路にも点在するガードレールやガードポールなど車両用防護柵の特徴量を利用した路肩検知が考えられる。例えば、ガードレールなどの防護柵には円柱状の支柱が等間隔に設置されている。一般にその径はミリ波の波長より十分大きく、79GHz帯ミリ波レーダではビーム照射角に拘らず安定した反射波を受信できる[5]。このように防護柵の特徴量から走行車線を認識し（相対自車位置）、またダイナミックマップにタグ付けされた案内標識をランドマークとして自車の絶対位置を補正することにより天候に拘わらず自車位置推定が期待できる[13]。これにより、白線がない一般道や積雪で白線を認識できない高速道での自動運転も可能になる。

(1) 相対位置推定

ミリ波レーダにより路肩にある様々な物標から車線を認識する方法について述べる。79GHz帯レーダによるガードレールからの受信信号（レンジプロファイル）を図4-11 (a) に示す。ここで、周波数帯は79～80GHz（帯域幅1GHz)、アンテナ利得は20dBi、アンテナ高は30 ㎝、アンテナビームは正面方向から $\theta=20°$ である。同図からレンジ方向に沿ってほぼ等間隔に並んだ反射波と電柱からの1個の反射波を視認できる。一般にガードレールの支柱間隔は定められているためその周期的な反射波（点列）から物標識別が可能である。なお、支柱（円柱）のRCSは角度依存性がなく、また周波数に比例するため、79GHz帯における支柱のRCSは24GHzに比べて約5dB大きくなる[15]-[17]。次に同図 (b) はアンテナビームを正面方向からガードレール方向に走査した場合の θ に対する受信信号を示す。同図 (b) から $\theta=40°$ では反射波の数は2

個と少ないが、正面方向に近づけていくと反射波の数が増えている。

他の路肩の物標として、橋の欄干、ポールコーン、防音壁からの受信信号を図 4-12 に示す。橋の欄干も周期的に配列した支柱からの反射波が見られるが、支柱が角柱であるため反射波に広がりが見られる。ポールコーンもガードレールと同様であるが、樹脂でできているため反射強度は小さい。また防音壁は防音パネルを周期的に鋼材やLアングルで固定しているため反射波の特徴から防音壁を識別できる。他にも、降雪

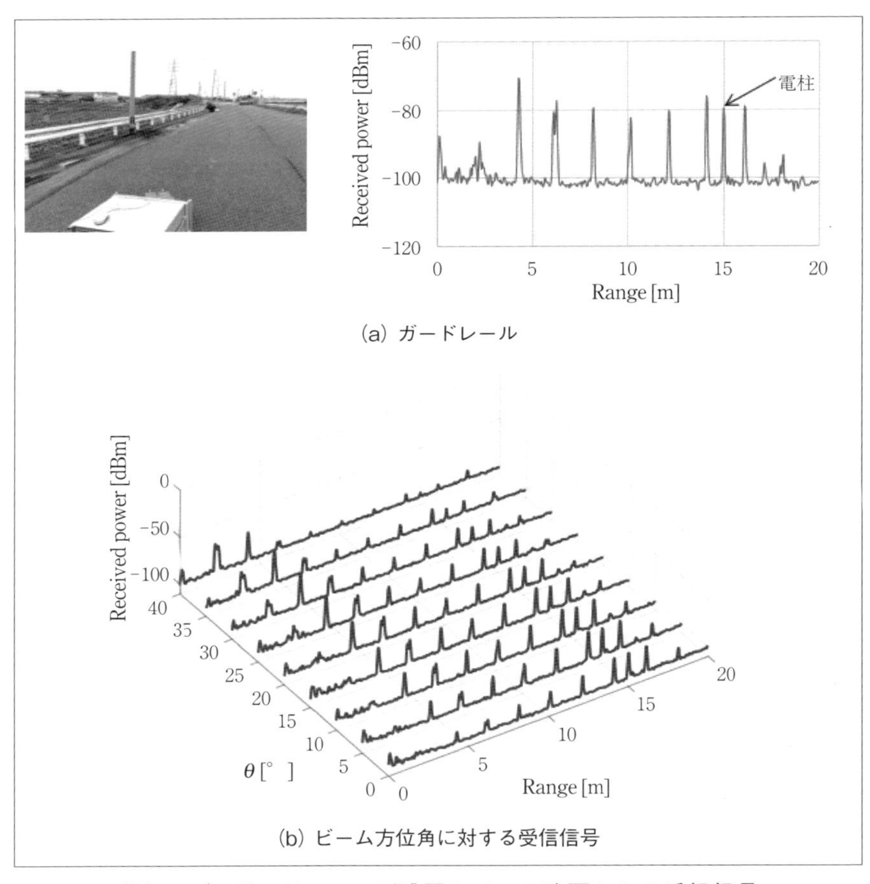

(a) ガードレール

(b) ビーム方位角に対する受信信号

〔図 4-11〕ガードレールが設置している路肩からの受信信号

地に設置されているスノーポールや反射器であるセーフアイなどもあるがRCSが小さく、10m以上離れた地点から検知することが難しい[14]。そこで、物標の設置間隔に着目して相関フィルタによってSC（信号対

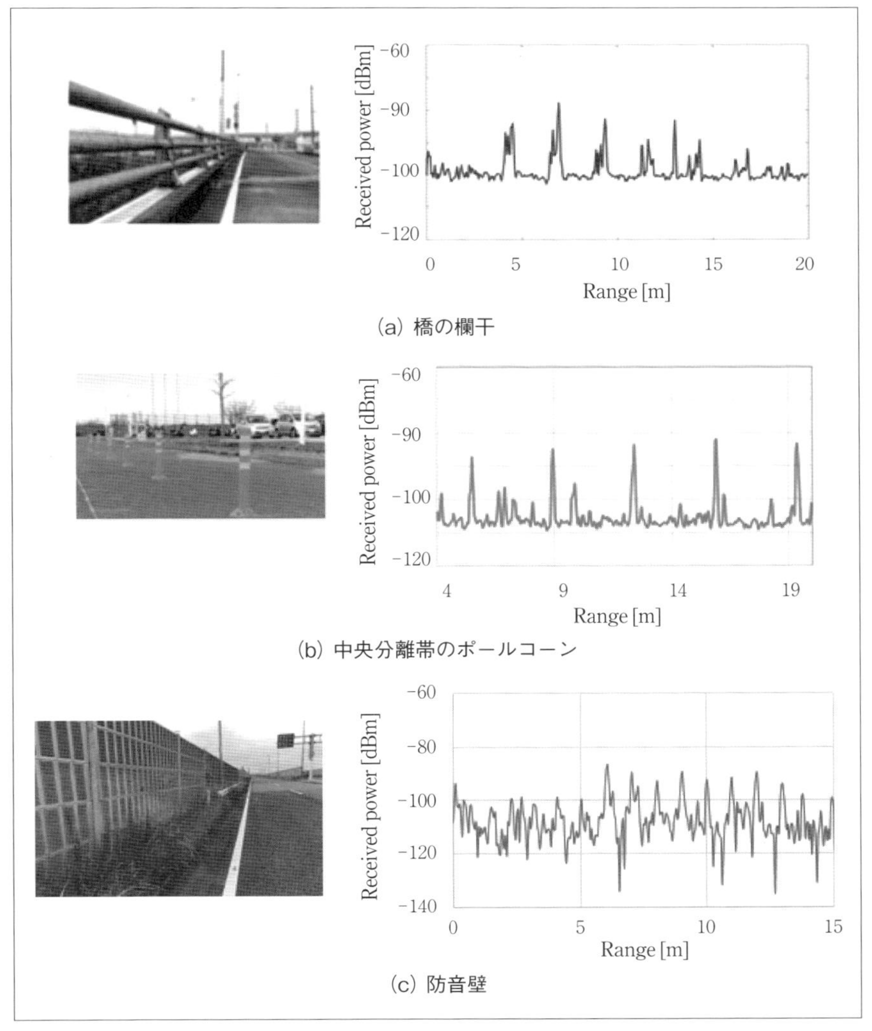

(a) 橋の欄干

(b) 中央分離帯のポールコーン

(c) 防音壁

〔図4-12〕路肩からの受信信号

クラッタ）比の改善と物標識別を実現することができる [15]。

次に受信信号の時空間処理（時空間に配列した点列群）から路肩との離隔距離を推定する方法について概説する。図 4-13（a）に示ように左側の路肩に縁石やガードレールが設置している道路を時速 50km で走行し、離隔距離を推定した。なお、30m 先の路肩の物標を検知するためにアンテナビームを進行方向左に 10°傾けて走行実験を行った。一例として、1 秒間計測した受信信号を同図（b）に示す。データ取得時間にも依存するが、同図からガードレールの支柱に対応する複数の反射点が走行路に沿って並んでいる。またアンテナビーム幅が広いため強い反射点の後方にも弱い反射点が見られるが、これらはアンテナ指向性によって抑圧することができる。従って、アンテナビーム角と反射点の配列方向から現時点での離隔距離を推定することができる。なお、走行時での時空間処理による推定誤差は 10 ㎝以下であったがアンテナやデータ取得数

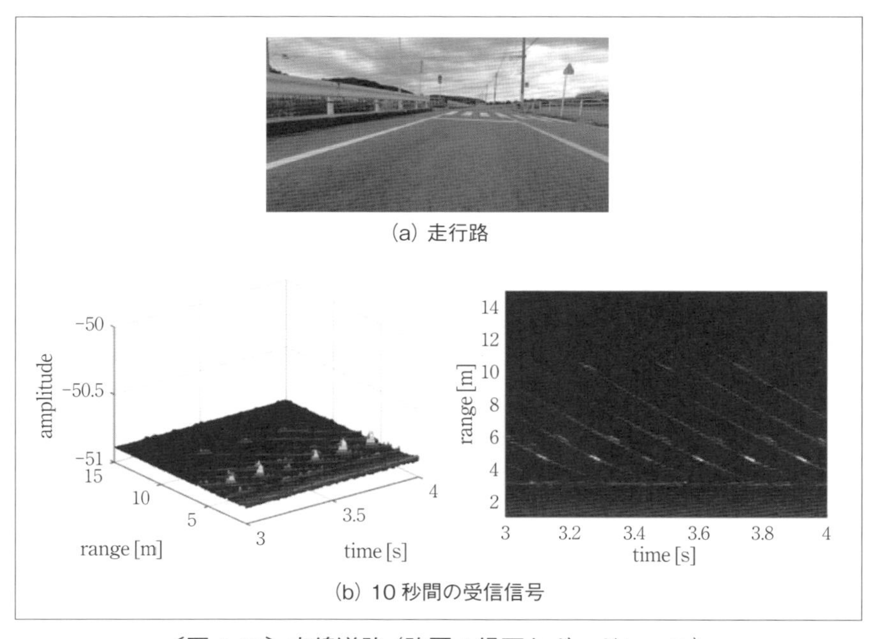

〔図 4-13〕直線道路（路肩：縁石とガードレール）

を検討することによって数cmの精度で離隔距離を推定できる。同様にガードポールが設置している道路での結果を図 4-14 に示すが、ガードレールと同じように白線がなくても路肩を検知できる。また図 4-15 (a) に示すように一部湾曲している道路では白線と路肩が一致しない場合もある。そこで湾曲している道路を 10 秒間観測した結果を図 4-15 (b) に示す。このように道路が湾曲していても、例えば数秒前後の観測結果と併用することによって走行路を補正し、離隔距離を推定できる。

(2) 絶対位置推定

路上の標準的な案内標識の大きさ（レイアウト）は決まっており、予めデジタルマップにタグ付けを行うことにより正確な自車位置を補正できる [13]。図 4-16 は国道上の案内標識からの受信信号を示す。なお、標識サイズは $2\times2.2\mathrm{m}^2$ である。一般に案内標識板は垂直方向から下方に 3° 傾いており、また金属板上に反射素材の文字シールが貼ってある [19]。

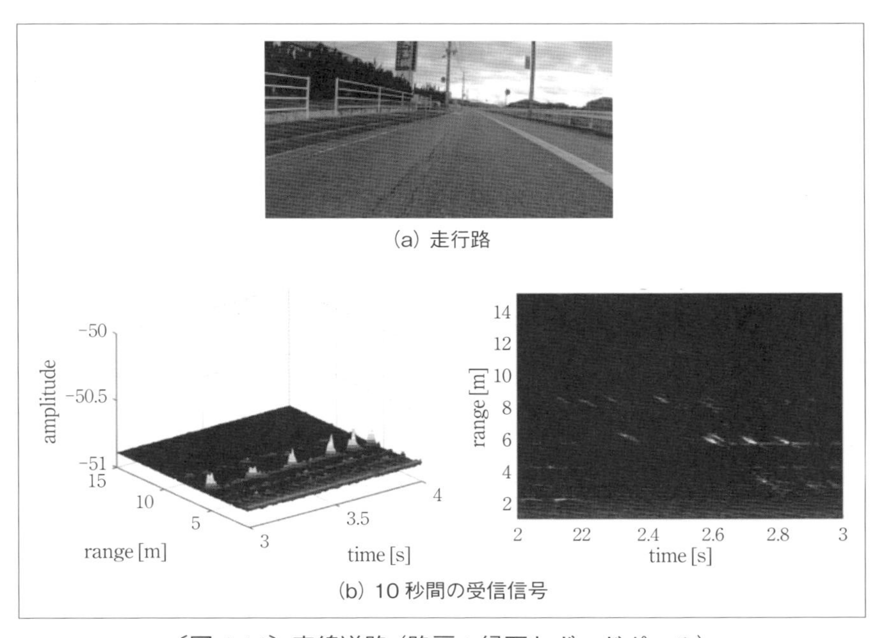

(a) 走行路

(b) 10 秒間の受信信号

〔図 4-14〕直線道路（路肩：縁石とガードポール）

このため、同じサイズの案内標識でもRCSが異なり、受信強度から案内標識の特定は難しい。同図（b）は約77m離れた地点からの受信信号を表している。一般に案内標識を固定している支柱などの信号強度は標

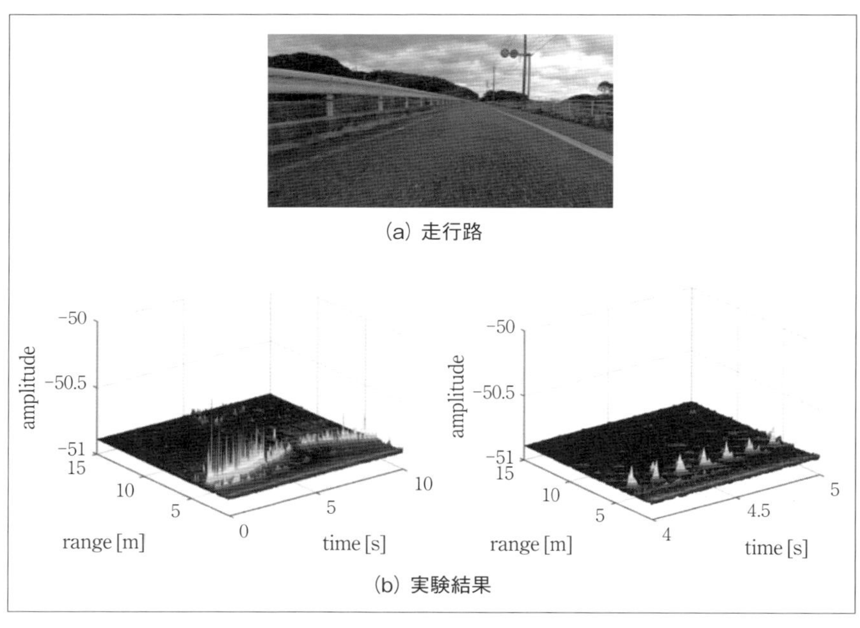

〔図4-15〕路肩が一部湾曲した道路（路肩：縁石とガードレール）

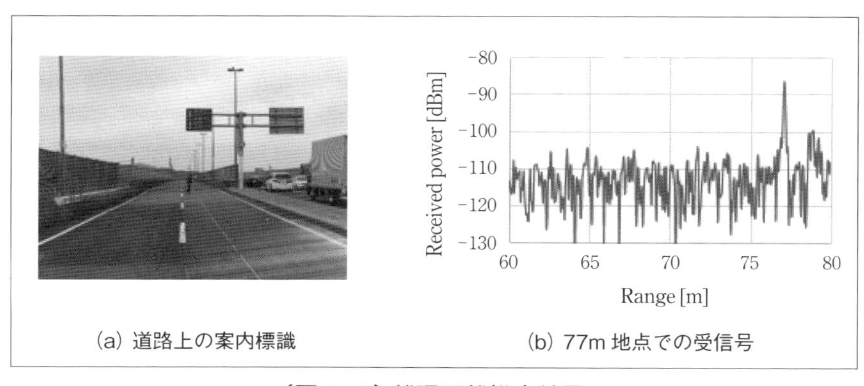

〔図4-16〕離隔距離推定結果

識板より少なく、100m 以上離れた遠方からでも標識を検知できる。そこでアンテナビームを走査することによって案内標識のサイズ（縦、横）を推定できる。ビーム走査した結果を図 4-17 に示す。その推定精度はビーム幅や距離などにも依存するが、10cm 以下の精度であればサイズが規格化している案内標識を特定できる。

(3) 路上落下物検知

走行路上の落下物などに対しては可視や赤外画像で検知できるが降雪や霧、路面積雪に対応することは難しい。しかし、ミリ波レーダは上述したように悪天候や降雪に対しても減衰が小さく、RCS が 0dBsm より大きい落下物であれば 50m 前方で検知することができる。このためには路肩や路面からのクラッタを抑えるために路面の照射面積は 1～2 車線以内であることが好ましい。従って、24GHz 帯レーダに比べて 79GHz 帯レーダは優位である。なお、高速道路での主な落下物として段ボール箱やタイヤ、角材などが報告されているが、79GHz の RCS は 24GHz に比べて優位である。また狭角ビームに対しては、例えば、文献 [18] のように落下物と路面クラッタの周波数相関を利用することによって SC 比をさらに改善することができる [21]。

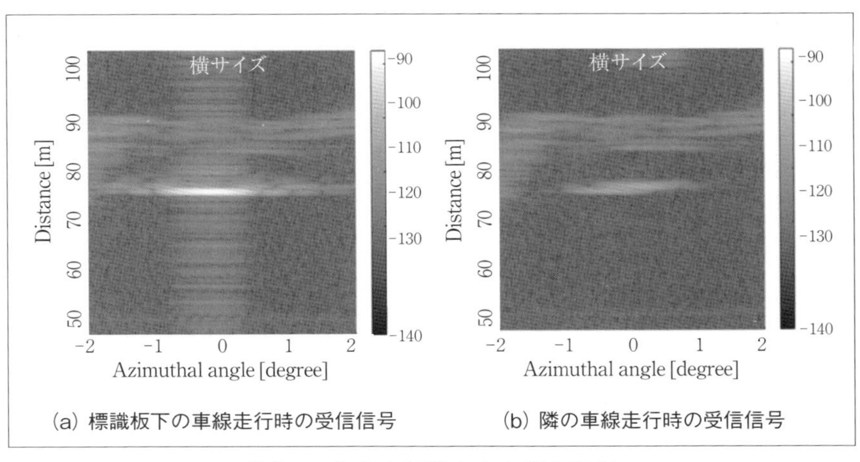

(a) 標識板下の車線走行時の受信信号　(b) 隣の車線走行時の受信信号

〔図 4-17〕案内標識からの受信信号

以上のように車載レーダでは最大検知距離や分解能（距離、方位角、ドプラ）などの性能要件からレーダ方式を検討する必要がある。しかし、各方式を比較・検討するためにはレーダ装置を試作しなければならず、非常に大掛かりになる。また装置間に用いられるデバイスも異なるため客観的な比較検討が難しい。このような評価を行うための手段としてソフトウェアレーダが考えられる。そこで図 4-18 に示す 79GHz 帯ソフトウェアレーダ装置の基本特性について紹介する。本装置では RF/IF 部とベースバンド信号部（任意信号発生部と AD 変換部）のハードウェアプラットフォームと送受信波形の制御ソフトウェアの書き換えを行う PC から構成されている。ここでは PC 上で任意の送信波形を生成し、また

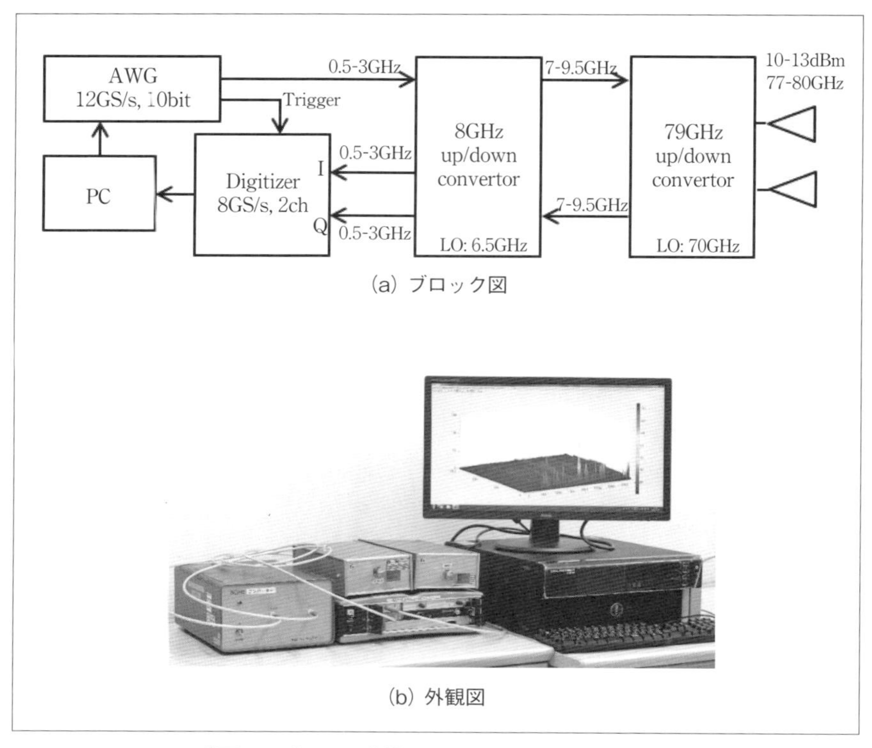

(a) ブロック図

(b) 外観図

〔図 4-18〕ミリ波帯ソフトウェアレーダ装置

受信したベースバンド信号のIQ信号をPC上で復調処理する。なお、任意のレーダ送信波形と受信波形の復調処理はPC上のLabVIEWで制御している。PC上で作成したベースバンド送信波形を図4-16に示すように任意信号発生器により生成し（0.5～3.0GHz）、2段のコンバータにより79GHz帯RF信号に変換して送信する。一方、物標からの受信信号はコンバータでベースバンドIQ信号へ変換後にAD変換し、PCIケーブルでPCに伝送する。このように、PC上で任意の送信波形を生成し、また受信したベースバンド信号のIQ信号をPC上で復調処理することができる。

参考文献

[1] 高野和郎，近藤博司，門司竜彦，大塚裕史，"安全走行支援システムを支える環境認識技術，" 日立総論，pp.43 -46，2004年5月

[2] 水野広，富岡範之，川久保淳史，川崎智哉，"前方障害物検出用ミリ波レーダ，" デンソーテクニカルレビュー pp.83-87, Vol.9, No.2, 2004

[3] 例えば http://www.fujitsu-ten.co.jp/gihou/jo_pdf/43/43-2.pdf

[4] 例えば http://www.atenza.mazda.co.jp

[5] N.Currie, C.Brown, "Principles and applications of millimeter-wave radar," Artech House, USA, Apr. 1987.

[6] 吉田孝，"改訂 レーダ技術，" 社団法人電子情報通信学会，Jun. 2005.

[7] 青柳靖，"24GHz帯周辺監視レーダの開発"，古河電工時報第137号（2018年）

[8] 大橋洋二，"自動車レーダ用ミリ波無線技術"，応用物理第71巻第3号（2002年）

[9] 松波勲，梶原昭博，"超広帯域車載レーダによる車両検知・識別のためのレンジプロファイルマッチング，" 信学論B，Vol.J93-B，No2，pp.351-358，2010年2月.

[10] 岡本悠希，梶原昭博，"車載用広帯域レーダにおける複数車両検知・識別に関する実験的検討，" 信学論，Vol.J95-B，No.8，2012年8月

[11] P.V.C.Hough, "Method and means for recognizing complex patterns,"

U.S.Patent no.3069654, 1962
[12] 小川拳史 , 梶原昭博 , “2D-MUSIC 法を用いたステップド FM-MIMO レーダによる 2 次元位置推定法の実験的検討,” 電学論 C, Vol.138, No.2, pp.112-117, Feb.2018.
[13] “SIP 自動走行システム，ダイナミックマップ,” システム基盤技術検討会，2016 年 1 月.
[14] “平成 27 年度 SIP（自動走行システム）：全天候型白線識別技術の開発及び実証 ,” 報告書 , 2016 年 3 月 .
[15] 内山 , 本村 , 梶原 , “路上構造物を用いた自車位置推定のための 79GHzUWB レーダによる RCS 測定 ,” 電学論 C, Vol.138, No.2, pp.106-111, 2016 年 2 月
[16] T.Motomura, K.Uchiyama and A.Kajiwara, “Measurement Results of Vehicular RCS Characteristics for 79GHz Millimeter band, ” IEEE Proc. of Radio and Wireless Week（RWW2018）, Jan. 2018
[17] Toshiki Motomura, Kazuki Uchiyama and Akihiro Kajiwara, “Comparison of RCS Characteristics of Vehicle and Human at 10/24/79GHz,” The 2017 IEICE General Conference A-14-8, Nagoya, Japan, Mar. 2017.（in Japanese）
[18] NICHOLAS C. CURRIE, “Radar Reflectivity Measurement, ” Artech House, USA, Apr. 1995.
[19] 道路標識の概要等，標準レイアウト表，国土交通省 . http://www.mlit.go.jp/road/sign/sign/, http://www.thr.mlit.go.jp/bumon/b00097/k00910/h12-hp/hyousiki/deta/3.pdf
[20] 梶原昭博，山口裕之 “ステップド FM レーダによる路面クラッタ抑圧,” 信学論 B，Vol.J84-B，No.10，pp.1848-1856，2001 年 10 月.
[21] 唐沢好男, “デジタル移動通信の電波伝搬基礎 ,” コロナ社（2003 年）

5. 高圧送電線検知技術

ヘリコプタは、輸送、監視、防災・救難などで低空を有視界飛行することが多く、急な天候悪化において高圧送電線などの障害物に衝突する事故がしばしば発生している。これまで全天候性に優れたレーダにより前方を監視し、障害物を探知する技術が検討されている。しかし、高圧送電線はRCSが小さく、遠方から検知することが難しい。そこでミリ波帯における高圧送電線固有の特徴（より線形状）に着目したミリ波レーダ技術について解説する。

5．1　高圧送電線検知技術と課題

ヘリコプタや小型航空機が比較的低高度で航行する場合、衝突事故を回避するために山林や建物等の前方障害物を監視しながら安全な航路を確保することが重要である。このような障害物のうち、高圧送電線は背景とのコントラストが低いため視認性が悪い [1]。しかし、谷山間や谷間に敷設されている送電線は鉄塔が山林により覆われてしまう場合が多く、また霧や雨などの悪天候化で送電線の存在を目視で確認することが難しく、これまで高圧送電線に対する接触事故が多数報告されている [1]～[6]。そこで送電線への衝突防止用センサとして 35GHz 帯や 76GHz 帯、94GHz 帯のミリ波帯レーダが報告されている [2][3][4]。本章では、94GHz 帯ミリ波帯における高圧送電線の RCS について検討を行い、送電線を構成しているアルミニウムより線の本数や太さなどの形状をパラメータとして、RCS のレーダ入射角度の依存性について述べる [3]。ここでは、送電線のより線形状に依存した Bragg 散乱は、図 5-1 に示すよ

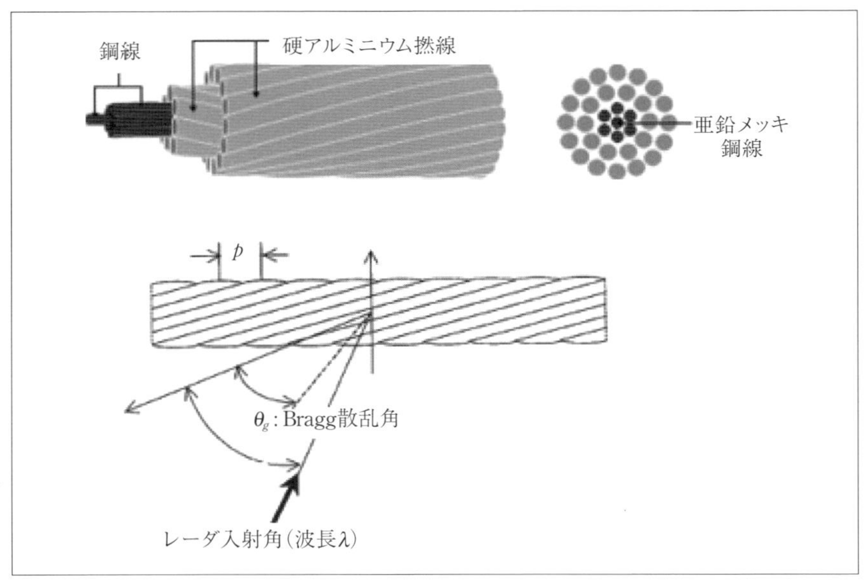

〔図 5-1〕高圧送電線の概要と Bragg 反射

うに p をより線の間隔、λ をレーダの波長とするとBragg散乱が生じる入射角度 θ_B（図中の破線）は次式で表せる。

$$\frac{2p\cdot\sin\theta_B}{\lambda}=n \qquad (n=0,\pm1,\pm2,\cdots) \qquad \cdots\cdots\cdots\cdots\cdots\cdots \quad (5.1)$$

Bragg散乱はミリ波帯における送電線のRCSに固有な特徴であり、RCSのパターンを利用することによって送電線の検知が期待できる。物標に固有なRCSのパターンを用いた相関処理方法として距離高分解能レーダにおける目標識別技術がある [5]～[7]。これは、RCSのプロファイル（RCSは距離のみの関数として表される；以下、RCS range profileと呼ぶ）がその物標の形状に依存していることを利用するもので、あらかじめ受信機のメモリに既知の目標のRCS range profileをライブラリーとして蓄えておき、これらと受信した未知の目標のRCS range profileとの相関から目標を識別するものである。一方、相関処理はBragg散乱に起因したRCSのパターンが送電線に固有な特徴であることに着目し、水平方向のレーダビームの走査により得られたRCSのプロファイル（RCSは走査角度及び距離の関数；以下、RCS image profileと呼ぶ）と、あらかじめメモリ等のライブラリーに蓄えておいた送電線のRCS image profileとの相関から送電線の検知を行うものである。ただし、ライブラリーのRCS image profileで想定した進入角度と実際の進入角度に差（進入角度誤差）が生じていると、大きな相関値が得られない欠点がある。そのため相関フィルタには進入角度誤差を考慮する必要がある。

2節では複数本の送電線のRCSについて物理光学法を用いて検討を行う。3節で相関フィルタについて述べ、4節で物理光学法による送電線の後方散乱波の結果とモンテカルロ法を用いて検知確率の検討を行う。ここで考慮した周波数帯は、Ka帯及びW帯において大気中の伝搬減衰が少ない35GHz及び94GHzである [8]。特にW帯は近年、車載用の衝突防止用レーダセンサとして使用されている周波数帯である [9]。

5．2　高圧送電線検知技術

(1) 空中高圧送電線

一般に、高圧送電線（145～500 kV）である鋼心アルミニウムより線（ACSR：Aluminum Conductors Steel Reinforced）は、主として架空送電線、架空配電線及びちょう架兼用き電線に使用されており、図5-1に示すように、亜鉛めっき鋼線をより合わせたものの周囲に硬アルミニウム線（素線）を一様かつ緊密に同心円により合わせたより線構造をしている[10]。送電線は送電電圧や設置する地形などによって様々な敷設状況が存在する。また、これまで送電線に対しての接触事故は谷津田（山間に存在する水田）に張られた1本の送電線（単導体）に対しても生じており、農薬散布時等において注意の喚起が促されている[1]。そこで本章では、表5-1に示すような単導体方式の送電線と複数本の送電線の敷設状況を想定する。考慮した高圧送電線の諸元を表1に示す（表中の各数値は図5-1を参照）。物理光学法は文献[3]と同様の計算条件で行っており、また、レーダと送電線までの距離は300mを仮定した。これは速度50 mile/hのヘリコプタが前方の障害物を発見・回避するために必要とされる十分な距離を参考にしている[1]。次節に想定した高圧送電線のRCSについて述べる。ただし、先述したように単導体の送電線に関しては文献[3]で報告されているので、ここでは複数本の送電線のRCSについて述べる。ただし、先述したように単導体の送電線に関しては文献[3]で報告されているので、ここでは複数本の送電線のRCSについて述べる。

(2) 複数本の高圧送電線のRCS

図5-2に物理光学法によって計算した異なる種類の2本の送電線

〔表5-1〕送電線（ACSR）の仕様

Power transmission line	Nominal sectional area in mm^2	Diameter in mm	Distance between strand wires p in mm (p/λ at 94GHz)	No. of wire/diameter in mm	
				Steel	Aluminium
ACSR410	410	28.5	16.2（5.1）	7/3.5	26/4.5
ACSR240	240	22	11.8（3.7）	7/3.2	30/3.2
ACSR120	120	16	8.5（2.7）	7/2.3	30/2.3

（ACSR120 と 240；以下、異種 2 本送電線と呼ぶ）が設置されているときの RCS を示す。ここで送電線の間隔は 5m としている。(a) の 94 GHz において、RCS のピークは 0°、± 7.3°、± 10.8°及び± 15.4°において生じ

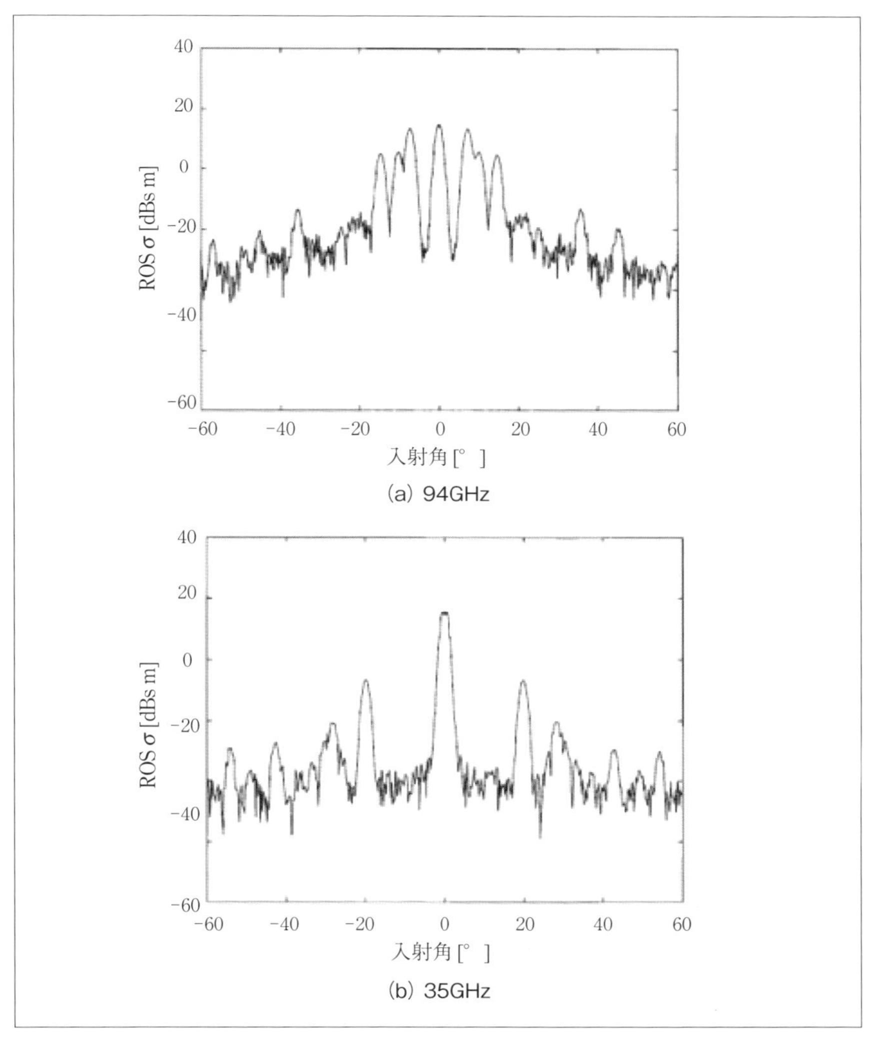

〔図 5-2〕異種 2 本の高圧送電線（ACSR120 と 240）が設置されているときの RCS

ており、これらは式 (5.1) で算出される ACSR120 の Bragg 散乱角度 ($\theta_B = 0°$及び± 10.8°) と ACSR240 の角度 ($\theta_B = 0°$、± 7.3°、及び± 15.4°) に一致している。また、(b) の 35GHz では、RCS のピークが $\theta = 0°$と $\theta = \pm 19°$に生じており、ACSR120 の Bragg 散乱角度 ($\theta_B = 0°$のみ) と ACSR240 の角度 ($\theta_B = 0°$及び± 19°) に一致している。つまり、種類が異なる複数送電線に対しては、それぞれの送電線に対応した Bragg 散乱による RCS のピークが生じることがわかる。これより、レーダが多種類の送電線を照射した場合でも、各送電線に対応した Bragg 散乱による RCS のピークが生じることが、推種類の送電線を照射した場合でも、各送電線に対応した Bragg 散乱による RCS のピークが生じることがわかる。これより、レーダが多種類の送電線を照射した場合でも、各送電線に対応した Bragg 散乱による RCS のピークが生じることが推察できる。

図 5-3 に物理光学法によって計算した同じ種類の 2 本の送電線 (ともに ACSR410) が設置されているときの RCS を示す。同種である複数本の送電線 (多導体) の RCS は、各送電線の RCS パターンが同一なので、

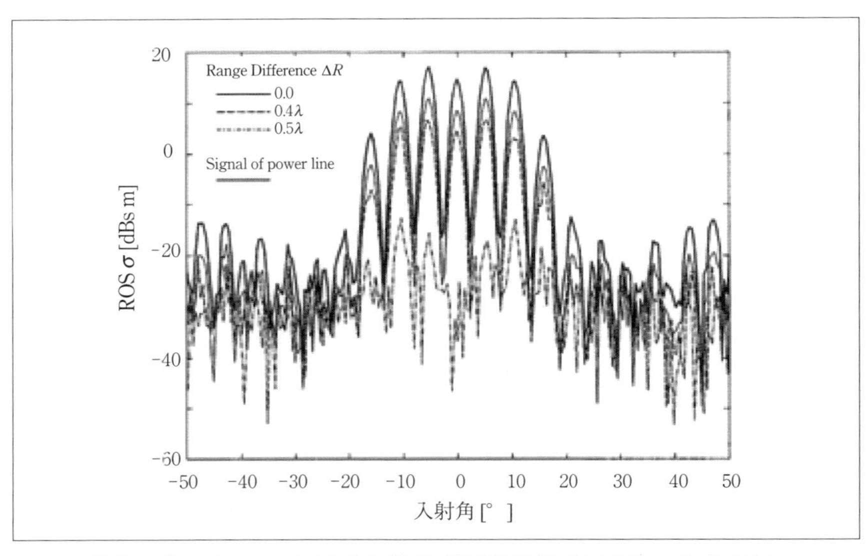

〔図 5-3〕94GHz における多導体高圧送電線 (ACSR410) の RCS

各送電線の散乱波の干渉が顕著になると考えられる。そこで、各送電線までの距離の差（ΔR）に依存した散乱波の位相差を考慮して、同図には$\Delta R=0, 0.4\lambda$ 及び 0.5λ（λ：波長）における RCS を示す。また比較のために単導体の RCS も示す。それぞれの送電線の RCS を比較すると、$\Delta R=0$ の場合では、位相差がほとんどないために、Bragg 散乱による RCS は単導体に比較して約 6dB 増加し、また、RCS のパターンはほとんど一致していることがわかる。一方、$\Delta R=0.4\lambda$ 及び 0.5λ では、各送電線の散乱波の位相が異なってくるために、本計算結果では多導体の RCS は単導体に比較して小さい。

ところで、位相が $0\sim2\pi$ で一様分布する複数（数個～数十個）の散乱体の RCS の平均値は散乱体の数におおよそ比例する [11]。また、レーダの波長がミリメートルオーダであることを考慮すると、距離の差によって生じる送電線の散乱波の位相差は $0\sim2\pi$ で一様分布であると考えられる。これより、多導体の送電線 RCS の平均値は照射されている送電線の本数にほぼ比例すると考えられる。

以上より、多導体における RCS は各送電線の散乱波の干渉によって変化するものの、その平均値はレーダに照射されている送電線の本数にほぼ比例して増加し、また RCS のパターンは単導体と同じであることが推察できる。

5．3　相関処理による送電線検知

(1) 解析モデル

図 5-4 に示す送電線と飛行経路モデルを考えると、レーダはアンテナを水平方向に走査しながら前方の送電線を検知している。レーダの進行方向（Heading line）における送電線までの距離（Boresight range）は R0 であり、送電線に対するレーダの進入角度（Boresight angle）は β である。白色ガウシアン雑音中に含まれる既知な信号の検知では、その信号と一致したフィルタ（マッチドフィルタ）との相関処理によって最適な検知（Optimum detection）が実現できる [12]。ここで、ヘリコプタ等の飛行航路に設置されている送電線の種類が既知であり、かつ進入角度が正確に予測できるならば、式（5.1）を用いて送電線に生じる Bragg 散乱を事前に評価することは可能である。そのため、想定される送電線の RCS image profile と一致したフィルタ（マッチドフィルタ）をレーダ信号処理

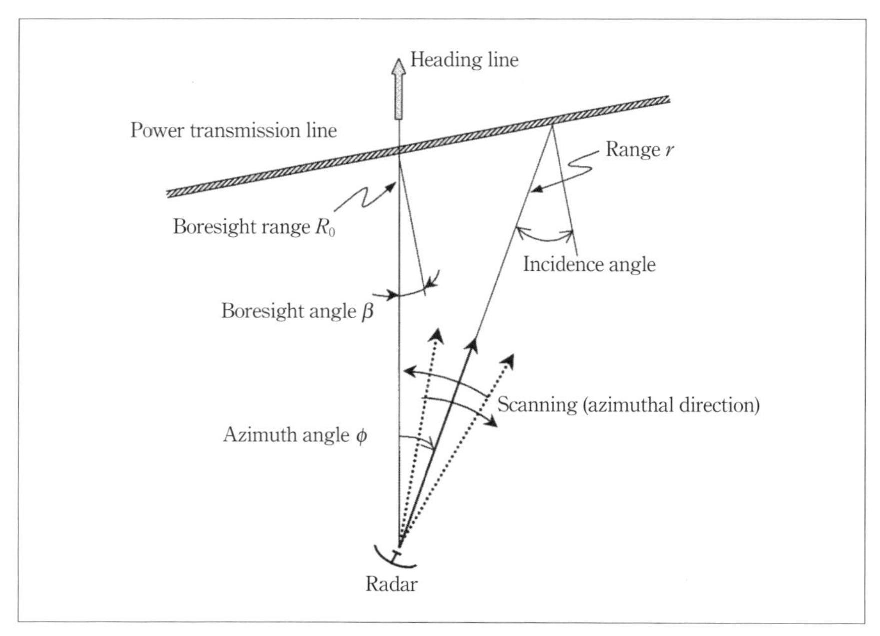

〔図 5-4〕送電線と飛行経路モデル

部等のメモリにライブラリーとして保存し、これらと相関処理を行うことによって送電線の検知確率の向上を図ることができる [13]。しかし、飛行経路における送電線への進入角度は地図などからおおよその見当がつけられるものの、機体の揺れなどによって変化するために正確に知ることは難しい。そこで、送電線に対してある程度の進入角度の範囲を考慮した相関フィルタ（BAEC-CF：Boresight Angle Error Compensation Correlation Filter；進入角度誤差補償相関フィルタ）が必要であると考えられる。図 5-5 に送電線に対する進入モデルを考える。進入角度 β_P は飛行前に見込んでいた角度であり、β_A は実際の進入角度を示す。送電線への進入角度の範囲は β_W で表され、また角度誤差は ε である。BAEC-CF は、β_W の任意の進入角度において受信した送電線の RCS image profile との相関を最大にするように考慮される。本論文では、文献 [6] における距離方向（1 次元）に関する相関フィルタを距離及び走査角度の 2 次元へ拡張して BAEC-CF を作成する。ここで送電線の種類は既知とする。

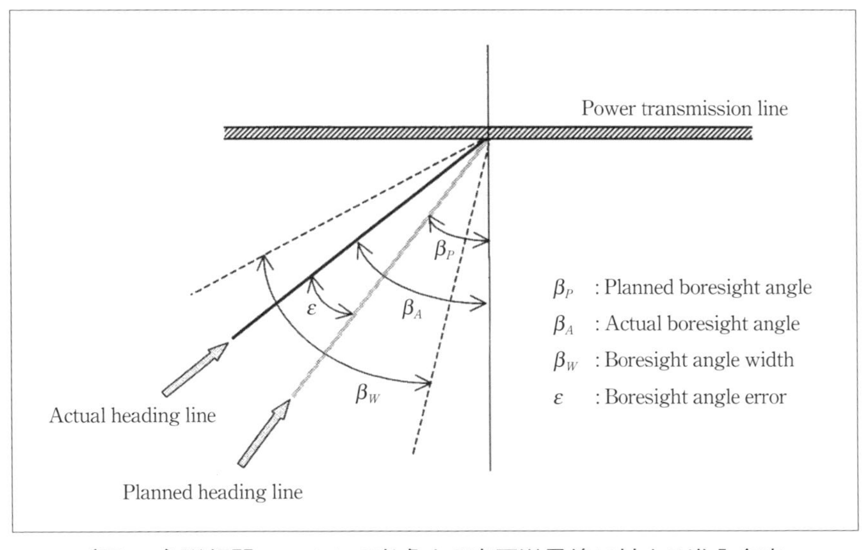

〔図 5-5〕送相関フィルタで考慮する高圧送電線に対する進入角度

(2) 相関フィルタ

BAEC-CF は次式の期待値を最大にするような相関フィルタである。

$$\Phi = E[\max(g)] \quad (5.2)$$

ここで、g は β_W 中の任意の進入角度における送電線の RCS image profile と BAEC-CF との相関関数である。また、$\max(g)$ は進入角度を定数としたときの相関関数の最大値を示し、$E[\max(g)]$ は進入角度に対する相関関数の最大値の期待値を示す。レンジビン (Range bin) 及びアングルビン (Angle bin) をそれぞれ i 及び $j(i=1,\cdots,M, j=1,\cdots,N)$ とすると、RCS image profile 及び BAEC-CF は $M\times N$ の行列で表すことができる。それぞれの各要素を $s(i,j)$ 及び $f(i,j)$ で表す。これより、g は次式で表せる。

$$g(u,v) = \sum_{i=1}^{M}\sum_{j=1}^{N} f(i,j)\cdot s(i-u, j-v) \quad (5.3)$$

u 及び v は、s をレンジビン及びアングルビン方向にそれぞれオフセットさせた量 (以下、シフトと呼ぶ) である。

ここで、実際の送電線への進入角度 β_A は β_W 中の $\beta_1, \beta_2, \cdots, \beta_K$ で示される K 個の進入角度のうち、どれか一つに相当すると仮定する (ただし、どの角度に相当するのかはランダムである)。そして、各進入角度に対応する RCS image profile $s_k(i,j)(k=1, 2,\cdots, K)$ を準備する。これらと BAEC-CF の相関関数を $g_k(u,v)$ とすると、式 (5.2) は次式で近似できる。

$$\Phi = \frac{1}{K}\sum_{k=1}^{K} max(g_k(u,v)) \quad (5.4)$$

いま、$f(i,j)$ を既知と仮定する。$u=u_k$ 及び $v=v_k$ のときに相関値が最大であった場合、式 (5.3) は次式で表せる。

$$\Phi = \frac{1}{K}\sum_{k=1}^{K} f(i,j)\cdot s_m(i,j) \quad (5.5)$$

ここで、$s_m(i,j)$ は次式で定義している。

$$s_m(i,j)=\sum_{k=1}^{K} s_k(i-u_k, j-v_k k) \quad \cdots\cdots\cdots\cdots \quad (5.6)$$

従って、式 (5.5) を最大にするためには

$$f(i,j)=s_m(i,j) \quad \cdots\cdots\cdots\cdots \quad (5.7)$$

であればよいことがわかる。このとき、期待値は次式のようになる。

$$\Phi=\frac{1}{K}\sum_{i=1}^{M}\sum_{j=1}^{N} s_m(i,j)^2 \quad \cdots\cdots\cdots\cdots \quad (5.8)$$

以上のように、BAEC-CF は進入角度範囲における RCS image profile を適当にシフトさせて、それらを加え合わせたものである。同時に、このシフトによって式 (5.8) は最大値になる。BAEC-CF の作成では、まず s_k を適当にシフトさせて式 (5.6) より $s_m(i, j)$ を求める。続いて式 (5.8) から期待値を算出する。そして、期待値の最大値を与える s_k のシフトを見つけ出し、式 (5.7) から BAEC-CF を求める。ところで、期待値の最大値を与えるシフトを総当たり (Global search) で検索する場合、膨大な数のシフトの組合せについて式 (5.8) を算出しなくてはならない ($(M\times N)$ K 通り)。そこで、本書ではシフトの組合せを見つけるために、文献 [6] で使用されている手法を参考にした。

ここでは、まず任意の $s_h(s_h \in s_k)$ を決め、次に s_h と s_k ($k=1, 2,\cdots, K$、ただし h は除く) の相互相関関数を総当たりで評価している。しかし、より高速でシフトの評価を行うために、s_h には飛行前に見込んでいた進入角度 β_P に相当する RCS image profile のみを考慮して演算量の低減を図る。これによって評価する数は $M\times \mathrm{N}\times (K-1)$ へ減少し、フィルタの作成が容易になる。ただし、このシフトの組合せは総当たりで評価したものでないために、必ずしも式 (5.8) の最大値を与えるものではない。また、各 RCS image profile s_k は物理光学法で計算した後方散乱波の結果を用いた。ところで、RCS image profile 及び BAEC-CF におけるアングルビン及びレンジビンは有限であるため、これらのシフトが大きくなると

重複部分が減少し相関ピーク値は減少する。しかし、BAEC-CF において重み付けされているレンジ及びアングルビンの数は数十個程度であり、これは RCS image profile や BAEC-CF におけるレンジ及びアングルビンの総数（数千個）に比較して極めて小さい。したがって、重複部分の減少が生じるレンジ及びアングルビンのシフトの範囲は極めて小さくなる。そのため、重複部分の減少が検知精度に与える影響をほとんど無視できると考え、相関処理を単純に行っている。

5．4　検知特性

(1) 解析方法

相関フィルタ（BAEC-CF）の有効性を検討するために、モンテカルロ法による数値シミュレーションを実施した。表 5-2 にシミュレーションで想定したミリ波帯レーダの諸元を示す。これは航空機搭載用のミリ波帯レーダを参考にしている [2], [14], [15]。図 5-6 にシミュレーションのブロック図を示す。レーダのアンテナ走査により得られた受信信号に対して、送電線の存在しない場合とする場合をそれぞれ考える。ここで、後者は物理光学法で計算した送電線の後方散乱波の結果を用いる。また、受信信号にはシステム雑音を考慮させるために複素ガウシアンノイズを付加させる。受信信号は IF（Intermediate Frequency）処理部を通過後、包絡線検波される。検波された受信信号はメモリ内の BAEC-CF と相関処理され、その最大出力値とスレッシュホールドレベルとを比較して送電線の検知を行う。ここで、送電線受信電力（雑音の付加がなし）の最大値とシステム雑音電力との比を信号対雑音比（SN 比：Signal to Noise Ratio）と定義し、パルス積分は行わないとする。なお、直感的な理解を

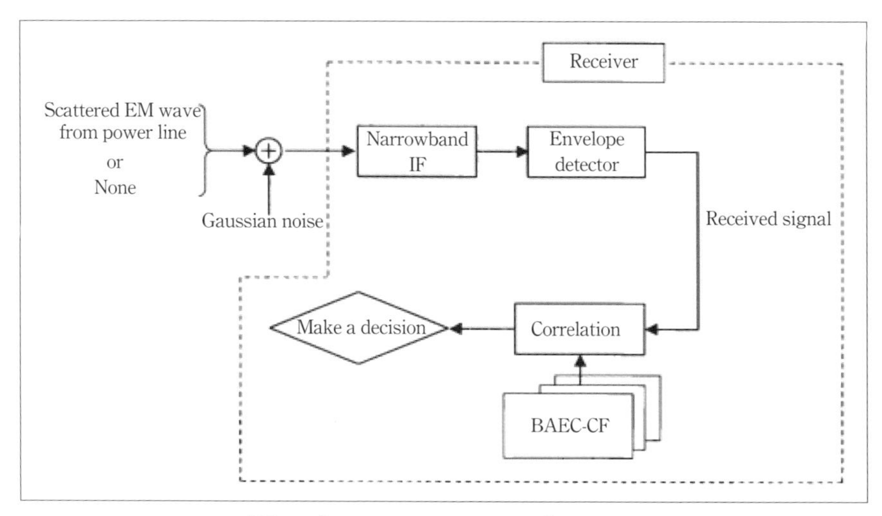

〔図 5-6〕シミュレーションブロック図

容易にするために送電線のRCS image profile例をアングルビン×レンジビン画素（ピクセル）の輝度分布で図5-7に示す。ここで、SN比＝30dB及び$\beta_A=0$ある。送電線の受信信号はBragg散乱によって離散的な明色のピクセルで示されていることがわかる。送電線が存在する場合としない場合のそれぞれについて、相関処理の出力値の確率密度関数（PDF：Probability Density Function）をモンテカルロ法によって近似的に求め、1回のアンテナ走査における検知確率P_d及び誤警報確率P_{fa}を評価する。ここでは、シミュレーション回数を216以上とした。BAEC-CFは、飛行前に見込んでいた進入角度を$\beta_P=0°$、進入角度範囲を$\beta_P=40°$、考慮した進入角度の数を$K=400$として作成した。

(2) 検知確率

図5-8に94GHzと35GHzにおける送電線の検知確率と誤警報確率を示す。ここで、送電線の位置は既知として、$R_0=300$m及び$\beta_A=0°$（見込んでいた進入角度$\beta_P=0$と同じ）を仮定している。ここで、SNR＝3dBである。同図では、BAEC-CFを用いていない方法（以下、従来方法と呼

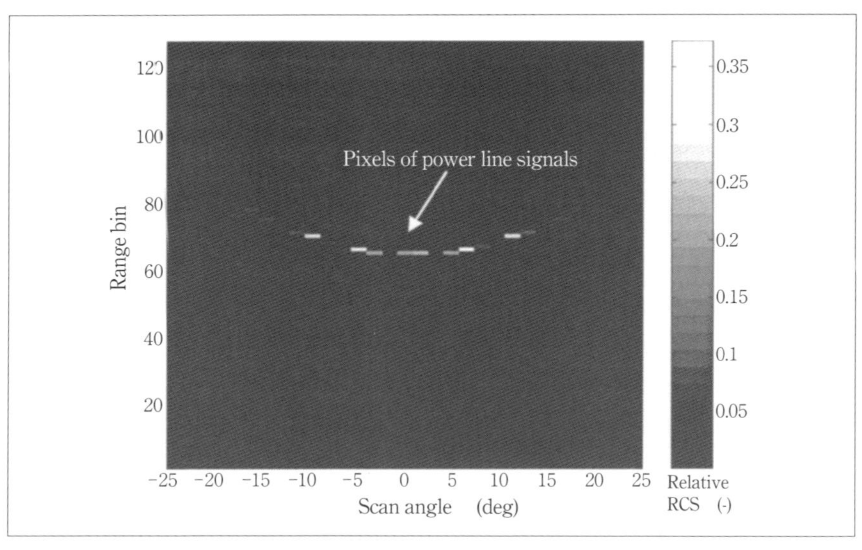

〔図5-7〕単導体送電線（ACSR410）のRCSイメージプロファイル

ぶ）における送電線の検知確率についても示す。従来方法では、アンテナ走査における受信信号の最大値とスレッシュホールドレベルを比較することによって送電線の検知を行っている。同図 (a) に単導体の送電線

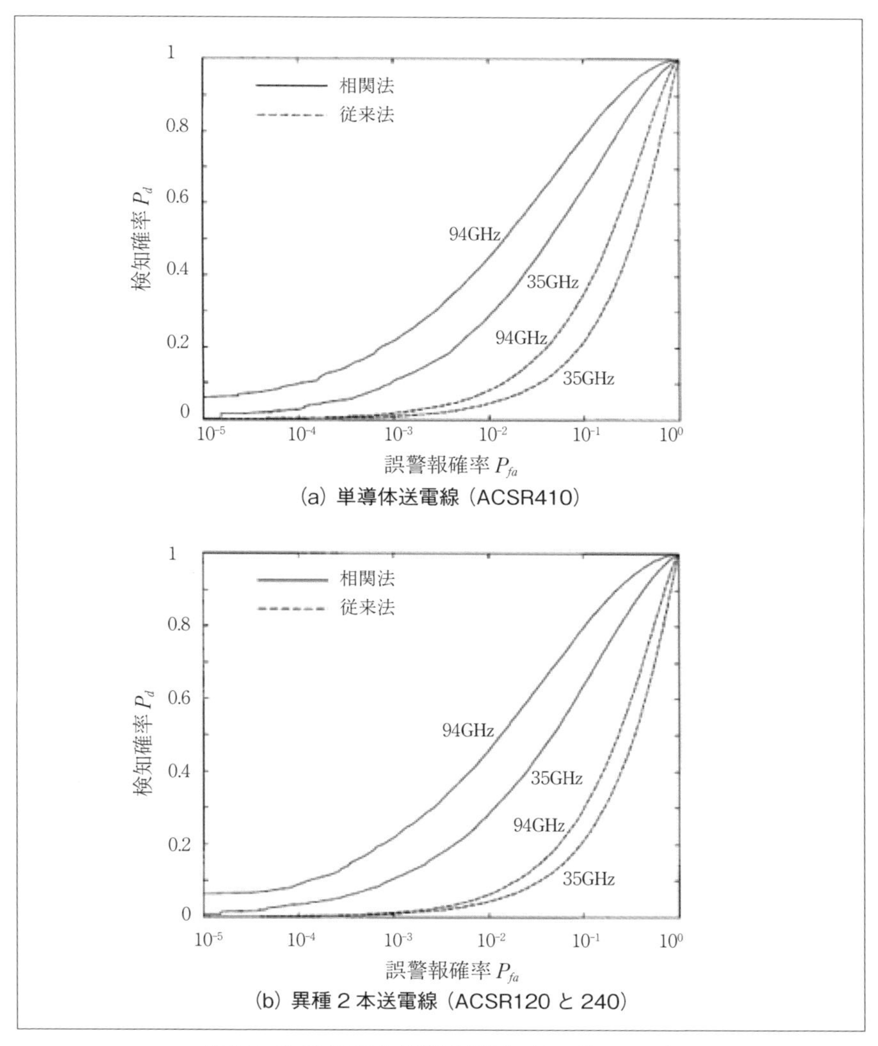

〔図 5-8〕検知率と誤警報確率（SN 比 =3dB）

（ACSR410）の結果を示す。同図より、BAEC-CF を用いることによって、94GHz 及び 35GHz の検知確率は従来方法に比較して増加している。特に 94GHz の検知確率は 35GHz に比較して大きく改善されている。これは、94GHz では Bragg 散乱の数が増加するために送電線の特徴をより顕著に表し、フィルタとの相関ピーク値が増加したためである。ところで、従来方法でも 94GHz の検知確率は 35GHz よりも大きい。これは、94GHz では Bragg 散乱の数が 35GHz よりも多いので [3]、1 回のアンテナ走査において得られる Bragg 散乱による受信信号の最大値が、94GHz でより多く生じるためであると考えられる。しかし、誤警報確率が小さい場合では、双方の周波数における検知確率は極めて小さい（例えば $P_{fa}=10^{-4}$ において、94GHz 帯では $P_d=3\times10^{-3}$、35GHz では $P_d=2\times10^{-3}$ である）。多導体の送電線は、これの RCS image profile が単導体と同様であることから、単導体の BAEC-CF を用いることによって検知が可能であると考えられる。同図（b）に異種 2 本送電線（ACSR120 と 240）の結果を示す。この場合でも BAEC-CF によって検知確率は増加し、94GHz の検知確率は 35GHz より大きく改善されていることを確認できる。多種類の送電線が照射された場合、それぞれの送電線に対応した Bragg 散乱が生じるので、それぞれの送電線に対応した BAEC-CF を準備しておけば検知が可能になることが推察できる。

図 5-9 に異種 2 本送電線（ACSR120 と 240）の 94GHz 及び 35GHz における検知確率と SNR の関係を示す。ここで、$R_0=300$m 及び $\beta_A=0°$を仮定し、$P_{fa}=10^{-4}$である。このとき、従来方法では 94GHz と 35GHz の検知確率はほぼ同じ値であることがわかり、送電線の検知は Bragg 散乱の数にほとんど依存しないことがわかる。一方、BAEC-CF によって双方の周波数の検知確率は増加し、SN 比は改善されている。例えば、$P_d=0.5$ のとき、SN 比は 94GHz において約 4.2dB、35GHz において約 3dB 向上している。また、94GHz では Bragg 散乱の数の増加により BAEC-CF との相関ピーク値が増加したため、検知確率は 35GHz に比較して大きく改善されている。一方、単導体の送電線においても、同図と同様な結果を確認している。以上より、BAEC-CF を用いることによっ

て検知確率は従来方法より増加し、また94GHzの検知確率は35GHzに比較して大きく、改善度も大きいことがわかる。

(3) 推定進入角度誤差の影響

図5-10に単導体の送電線（ACSR410）への進入角度に誤差が生じているときの94GHzにおける検知確率と誤警報確率を示す。進入角度誤差εは、飛行前に見込んでいた進入角度β_Pと実際の飛行における進入角度β_Aとの差$\varepsilon=\beta_A-\beta_P$（図5-5参照）である。ここではSNR=3dBを仮定している。また$\beta=0$における単導体のRCS image profileと一致した相関フィルタを用いたときの検知確率についても示す。これは$\varepsilon=0(\beta_A=0)$におけるマッチドフィルタである。角度誤差が$\varepsilon=0°$のとき、マッチドフィルタによる検知確率はBAEC-CFに比較して大きい。これは、マッチドフィルタが送電線の信号が存在するレンジ及びアングルビンのみを考慮して受信信号から相関値を求めている（つまり、最適検知が実現されている）ことに対してBAEC-CFでは送電線の信号が存在しないレンジ及びアングルビンも考慮して相関処理を行うため、マッチド

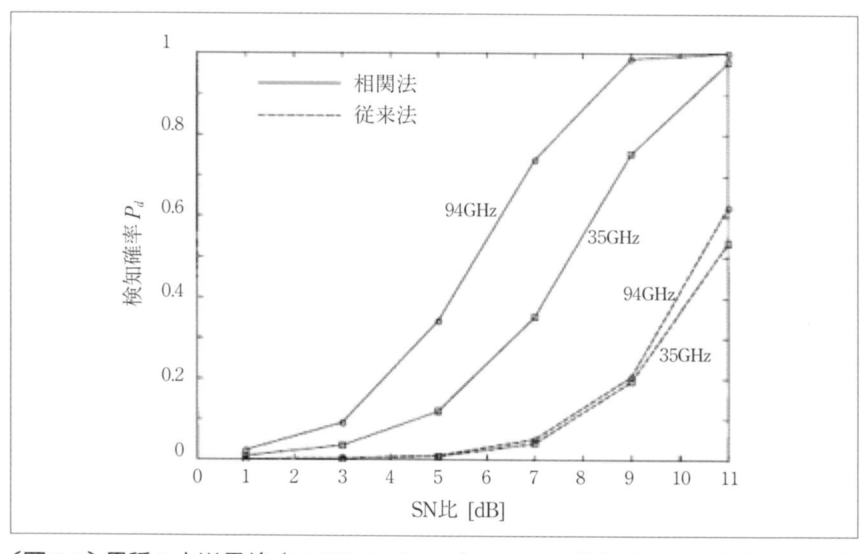

〔図5-9〕異種2本送電線（ACSR120と240）における検知率とSN比（Pfa=10^{-4}）

フィルタに比較して雑音に対する相関ピーク値が低くなったためである。しかし進入角度に誤差が生じると（$\varepsilon=1°$、$3°$）、マッチドフィルタの検知確率は急激に減少し、例えば $P_{fa}=10^{-4}$ では $P_d<3\times10^{-4}$ であり、検知することは難しくなる。RCS image profile は進入角度に依存し、これが変化した場合、送電線の信号が存在するレンジ及びアングルビンは変化する。また、本シミュレーションでは、レンジ及びアングルビンの大きさ（ピクセルの大きさ）は 1.0m 及び 1.6°であり（表 2 参照）、送電線の各 Bragg 散乱による受信信号はそれぞれ 1～2 個のピクセルである（図 5-7 参照）。したがって、進入角度が 1°以上変化すると、受信信号が存在するレンジ及びアングルビンは 1～2 個以上変化するため、RCS

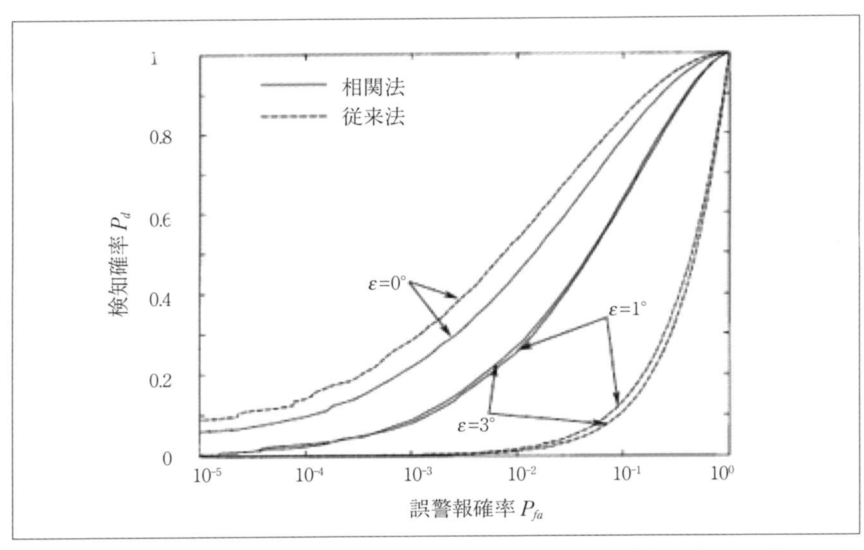

〔図 5-10〕侵入角度誤差に対する単導体送電線の検知率と誤警報確率（SN 比 =3dB）

〔表 5-2〕シミュレーションにおけるレーダ諸元

Beam scan	−25° to 25°
Number of range bin	128
Number of angle bin	32
Range resolution	1.0m
Angular resolution	1.6°

image profile はほとんど異なったものとなる。これより、進入角度の誤差が1°以下では、マッチドフィルタと実際の RCS image profile において、送電線が存在する受信信号のレンジ及びアングルビンはほぼ同じであるために、相関ピーク値はほとんど減少しない。しかし、1°以上ではマッチドフィルタと実際の RCS image profile は異なったものとなるので、相関ピーク値はほとんど得られず検知確率が低下すると考えられる。一方、BAEC-CF では進入角度の誤差によって検知確率は減少するものの、例えば $P_{fa}=10^{-4}$ において P_d は約 0.03 である。図 5-11（a)、(b）に単導体（ACSR410）及び異種2本送電線（ACSR120 と 240）の 94GHz における進入角度誤差と検知確率について示す。ここで、SN 比 =3dB、$P_{fa}=10^{-4}$ である。進入角度誤差が生じているとき、BAEC-CF を用いた検知確率は、単導体及び異種2本送電線に対してそれぞれ $P_d=0.01\sim0.05$ 及び $P_d=0.008\sim0.04$ であり、角度誤差に依存せずほぼ一定であることがわかる。一方、マッチドフィルタを用いた検知確率は双方の送電線に対して $P_d<3\times10^{-4}(\varepsilon>1°)$ であり極めて小さく、角度誤差に大きく影響されることがわかる。ここで、BAEC-CF の検知確率は進入角度に対して変動しているが、これはフィルタの作成において想定した進入角度を離散的に与えたためであると考えられる。したがって、進入角度の個数 K を増加させることによって検知確率の変動を抑制することができると考えられる。一方、レンジビンやアングルビンの大きさ、アンテナビーム幅等のパラメータも検知確率の変動に影響するものと考えられるが、これに関しては今度の課題とする。実際の飛行において、送電線への進入角度が厳密に既知である場合にはマッチドフィルタが有効である。しかし、数度程度の角度誤差によって検知確率は著しく減少してしまうため、いくつもの進入角度に対応したマッチドフィルタがライブラリーで必要となり、メモリ容量を増加させてしまう。一方、BAEC-CF は厳密な進入角度の設定を必要とせずに検知が行え、またフィルタ数もマッチドフィルタを用いた場合に比較して少なくすむために、メモリ容量を軽減できる特長を有する（例えば、マッチドフィルタでは、一つの送電線に対して様々な進入角度の RCS image profile が必要であるため、ライブラリ

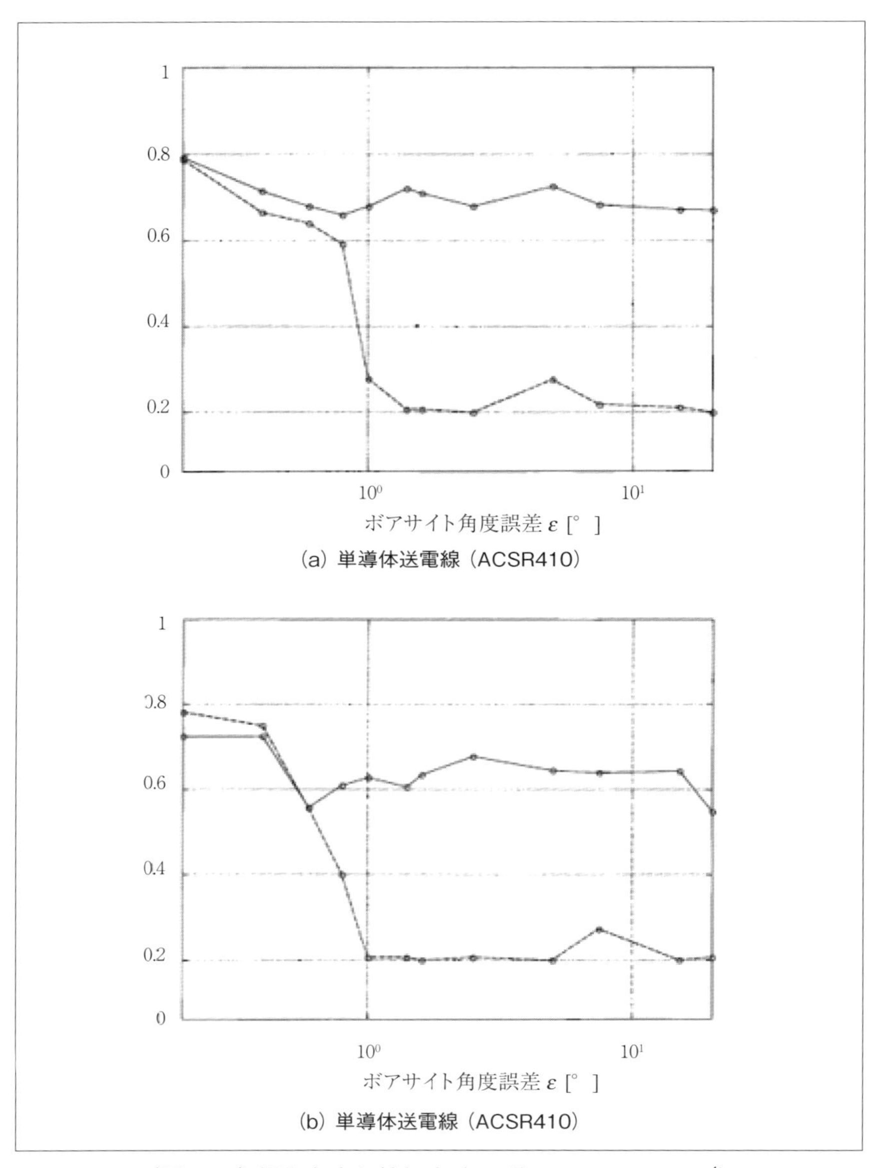

《《《(5．高圧送電線検知技術)》》》

(a) 単導体送電線（ACSR410）

(b) 単導体送電線（ACSR410）

〔図 5-11〕侵入角度と検知率（SN 比 =3dB、Pfa=10^{-4}）

ー中の RCS image profile は数百個である。一方、BAEC-CF では進入角度を考慮してフィルタを作成しているため一つである）。その結果、相関処理回数を少なくでき、リアルタイムで処理を行うことが十分に可能であると考える。ところで、高圧送電線の Bragg 散乱は $|\theta|<20°$ において観測できる。そのため、本論文で想定したミリ波帯レーダのアンテナ走査角度（±25°）では、$|\beta|>45°$ の進入角度において Bragg 散乱を受信することができず、BAEC-CF による検知確率の増加を図ることができない。しかし、このような状況では赤外線センサを用いた送電線検知方法 [15] や GIS（Geographic Information System；地理的情報システム）[17] との併用、そして可視による鉄塔の存在の確認等によって、送電線の検知が可能となると考えられる。例えば、文献 [4] では赤外線とミリ波を併用した検知システムが開発されており、その結果を図 5-12 に示す。同図の左上の窓は赤外線及びカラーカメラからの画像、左下の窓はミリ波レーダの出力波形である。同図 (a) はカラーカメラのみによる障害物の表示で、この画像から送電線を発見するのは困難である。一方、同図 (b) はこのシステムで障害物を探知したときの表示で、カラー画像と送電線が緑色に強調された赤外線画像とが融合して表示されると共に、レーダからの距離情報も加わっている。また、障害物探知、距離計算及び障害

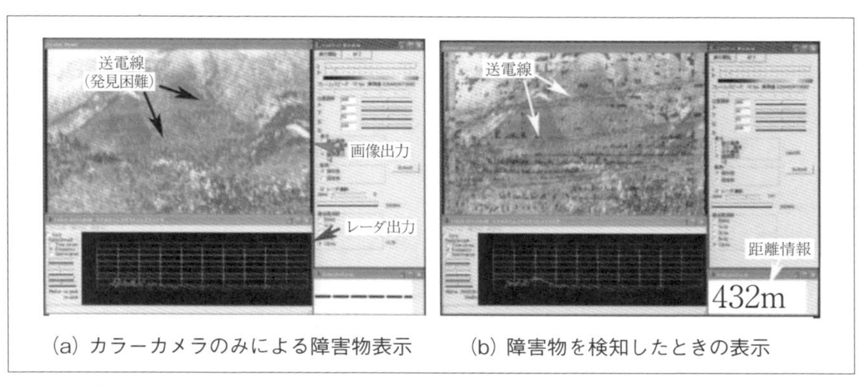

(a) カラーカメラのみによる障害物表示　(b) 障害物を検知したときの表示

〔図 5-12〕障害物探知・衝突警報システムによる障害物表示例（出典："ヘリコプタ用障害物探知システムの性能，" 電子航法研究所研究発表会（第 5 回平成 17 年 6 月）

物の強調表示まで一連の処理は毎秒5回程度以上とリアルタイムで行えることが分かる。

以上、ミリ波帯レーダによる空中高圧送電線の検知について述べた。ここでは、検知確率の向上のために、Bragg散乱によるRCSのパターンを利用した相関処理方法を提案し、送電線への進入角度誤差を考慮した相関フィルタ（BAEC-CF；進入角度誤差補償相関フィルタ）について言及した。本相関フィルタの有効性を確認するために、物理光学法で計算した送電線の散乱波データを用いてモンテカルロ法による数値シミュレーションを実施した。まず94GHz及び35GHzにおける検知確率を従来方法（相関フィルタを用いないもの）と比較・検討した。この結果、本方法により双方の周波数において検知確率は増加し、また94GHzの検知確率は35GHzに比較して大きく改善された。この結果、検知確率は進入角度誤差が生じてもほぼ一定であり、またマッチドフィルタによる検知確率に比較して大きいことも確認している。

参考文献

[1] 農林航空安全飛行の手引き－電線接触事故防止編－, 農林水産航空協会, 1992.

[2] R.E. Zelenka and L.D. Almsted, “Design and FlightTest of 35-GigaHertz Radar for Terrain and Obstacle Avoidance,” AIAA J. of Aircraft, vol.34, no.2, pp.261-263, March-April 1997.

[3] 山口裕之, 梶原昭博, 林尚吾, “高圧送電線のミリ波帯レーダ反射断面積の特徴,” 信学論（B）, vol.J83-B, no.4,pp.567-579, April 2000.

[4] 山本憲夫，米本成人，山田公男，安井英己，森田康志，“ヘリコプタ用障害物探知システムの性能,” 電子航法研究所研究発表会（第5回平成17年6月）

[5] D.R. Wehner, High-Resolution Radar, second edition,Artech House, 1995.

[6] C.R. Smith and P.M. Goggans, “RADAR TARGET IDENTIFICATION,” IEEE Antennas Propagat. Maga., vol.35, no.2, pp.27-38, April 1993.

[7] S. Hudson and D. Psaltis, “Correlation Filters for Aircraft Identification

From Radar Range Profiles," IEEE Trans. Aerospace & Electronic Syst., vol. AES-29, no.3, pp.741-478, July 1993.
[8] M.I. Skolnik, Radar Handbook, second edition, McGraw-Hill, 1990.
[9] L.H. Eriksson and Bengt-Olof°As, "A High Performance Automotive Radar for Automatic AICC," Proc. of IEEE International Radar Conference, pp.380-385, May 1995.
[10] 日本工業規格 , 鋼心アルミニウムより線 , JIS C3110, 1994.
[11] J.S. Daba and M.R. Bell, "Statistics of the Scattering Cross-Section of a Small Number of Random Scatterers," IEEE Trans. Antennas Propagat., vol.43, no.8, pp.773-783, Aug. 1995.
[12] A.D. Whalen, Detection of Signals in Noise, Academic Press, 1971.
[13] H. Yamaguchi, A. Kajiwara, and S. Hayashi, "Power Transmission Line Detection using an Azimuth Angular Profile Matching Scheme," Proc. of IEEE 2000 International Radar Conference, pp.787-792, May 2000.
[14] L.D. Almsted, R.C. Becker, and R.E. Zelenka, "Affordable MMW aircraft collision avoidance system," Proc. of SPIE Enhanced and Synthetic Vision 1997, vol.3088, pp.57-63, June 1997.
[15] J.C. Kirk, Jr., R. Lefver, R. Durand, L.Q. Bui, R.Zelenka, and B. Sridhar, "Automated Nap of the Earth （ANOE） Data Collection Radar," Proc. Of IEEE Radar Conference, pp.20-25, May 1998.
[16] 山本憲夫 , 山田公男 , "ヘリコプタの障害物探知・衝突警報システム ," 航海学誌 , no.148, pp.36-42, June 2001.
[17] 電子情報通信学会 , "電子情報通信ハンドブック" , pp.1991-1993, オーム社 , 1999.

付録

各反射パターンから式 (5.8) の期待値を最大にするシフト $(u_1, v_1, (u_2, v_2), \cdots$、$(u_K, v_K)$ を評価する場合、総当たりで行うと (u_k, v_k) の組合せ数が膨大になり、期待値の最大値を与えるシフトを見つけ出すことは極めて難しい（例えば $K=20$、$M=100$、$N=30$ では (100×30) 20 通りのシフトの組合せが存在することになる)。そこで、効率良くシフトの組合せを見つけるために、文献 [6] で使用されている手法を適用する。式 (5.8) の $s_m(I, j)^2$ を式 (5.6) に用いることによって以下のように変形する。

$$
\begin{aligned}
s_m(i,j)^2 &= \left(\sum_{k=1}^{K} s_k(i-u_k, j-v_k)\right)^2 \\
&= \left(s_h(i-u_h, j-v_h) + \sum_{k\neq h} s_h(i-u_h, j-v_h)\right)^2 \\
&= s_h(i-u_h, j-v_h)^2 + (\textstyle\sum_{k\neq h} s_h(i-u_h, j-v_h)) \\
&\quad + 2s_h(i-u_h, j-v_h)\cdot\textstyle\sum_{k\neq h} s_k(i-u_k, j-v_k) \quad \cdots\cdots\cdots\cdots\cdots \text{(A.1)}
\end{aligned}
$$

ここで

$$
s_h(i,j) \in s_k(i,j) \quad \cdots\cdots\cdots\cdots\cdots\cdots\cdots\cdots\cdots\cdots\cdots\cdots\cdots \text{(A.2)}
$$

式 (5.8) に式 (A.1) を代入すると、Φ は次式で表される。

$$
\begin{aligned}
\Phi &= \frac{1}{K}\sum_{i=1}^{M}\sum_{j=1}^{N} s_h(i-u_h, j-v_h)^2 \\
&\quad + \frac{1}{K}\sum_{i=1}^{M}\sum_{j=1}^{N}\left(\sum_{k\neq h} s_k(i-u_k, j-v_k)\right)^2 \\
&\quad + \frac{2}{K}\sum_{i=1}^{M}\sum_{j=1}^{N} s_h(i-u_h, j-v_h)\sum s_k(i-u_k, j-v_k) \quad \cdots\cdots\cdots\cdots \text{(A.3)}
\end{aligned}
$$

ここで、式 (A.3) の右辺第 1 項及び第 2 項は、s_h のシフトの値に関係なく一定の値となる。したがって、Φ を増加させるためには右辺第 3 項を増加させればよい。また、右辺第 3 項は s_h と s_k の相互相関関数である。これを高速フーリエ変換により算出することによって、右辺第 3

項の最大値を与えるシフトの組合せの検索を、総当たりで高速に行うことができる。

6.
見守りセンサ技術

79GHz帯ミリ波レーダまたはセンサは連続して使用できる帯域幅が広く、人の僅かな動きや状態の識別が可能である。また3-1で述べたようにマイクロ波や準ミリ波帯に比べて壁や窓ガラスでの減衰が大きいため干渉が少なく、隣接部屋での周波数の再利用も期待できる。現在、79GHz帯は主に車載レーダで検討されているが、インフラレーダや屋内環境にも用途が拡大していくと予想される。そこで本章では、居室や浴室、トイレ内での危険な動きや状態を検知・認識する見守りセンサについてそれぞれ6-2、6-3、6-4で述べる。

6．1　見守りセンサ技術と課題

高齢化社会の到来とともに高齢者による室内での事故が増えている。これまで離床時（自力でベッドから離れようとして）の転倒や転落事故、浴室やトイレでのヒートショック事故などは以前から問題視されてきたが、これまで有効な対策がないまま現在に至っている。例えば、介護施設での事故の約6割を転倒が占めており、それにより寝たきり等に繋がることもある [1]-[3]。このような事故が起きる場所としてはベッド周辺が最も多く、トイレのため夜間など一人でベッドから離れようとしたときに事故が起きている。そこで介護用見守りカメラなどが開発・販売されているが、プライバシー保護の理由から多くが利用されてないのが現状である。また圧電マットやクリップセンサなども開発・販売されているが、スタッフが駆け付けた時は既に転倒しているケースも多く、早い段階で危険状態を検知するセンサへのニーズが高くなっている。また、プライバシー性が高い浴室やトイレ内など密閉空間での事故は発見が遅れて重篤化することが多いと指摘されているが、赤外線センサは浴槽湯や水蒸気による影響で設置が難しく、またシルエット画像カメラなども浴室での受け入れは難しい。

このような課題を解決する技術として電波センサがある。一般に、室内に設置しても、①常時監視されている感覚がないこと、そして②各部屋に設置しても隣接部屋への干渉や漏洩が少ないこと、③温度や湿度など耐環境性に強いこと、④危険な動きや状態の検知・識別が可能であることなどが望まれる。そこで小型・軽量化が可能で、3-1 で述べたように住宅建材での減衰が大きく、周波数帯域幅が広く利用可能な 79GHz 帯 UWB センサ（以下、UWB センサ）の利活用が好ましい。

６．２　状態監視技術

６．２．１　状態監視技術と課題

転倒が起きる場所としてベッド周辺が最も多く、特に高齢者が自身の力だけでベッドから離れようとしたときに事故が起きている。そこでベッド周辺の状態を監視する様々なセンサが検討されている [4][5]。これは高齢者の離床時の動作を検出した時にアラームで知らせ、すぐに職員が駆けつけて様子を確認し、離床を補助することにより事故を未然に防止することを目的としている。具体例として、ビデオカメラや赤外線センサ、マット型の圧電センサ等が検討されている。しかし、個室の中にビデオカメラを設置することはプライバシーの観点から本人や家族からの同意が難しい。また赤外線センサは動作や状態の特定は難しく、布団をかけて寝ている場合などではその精度も劣化する。一方、マット型の圧電センサは高齢者が床に足をつけ体重をかけたときに初めてアラームが動作し、職員が駆けつけたときには既に転倒してしまっている事例も多く報告されている。そこで少しでも早いタイミングで離床前の危険な動作を検知し、職員へ告知することが求められている。

６．２．２　見守り技術

UWB センサは離れた場所から高齢者の様々な動作や状態（ベッド上での上体起し、離床、室内移動、入退室、転倒等）を検知することができる [4][5]。例えば、離床時の転倒を未然に防ぐために離床前の「上体起こし」の動作に着目し、危険な動きを検知・認識する。また信号強度だけによる状態識別判定に機械学習を組み込むことにより、高齢者の動きから転倒や転落、異常行動、徘徊、外部からの不審者侵入によるセキュリティ対策も期待できる。また 7 章で述べる生体情報監視技術を組み込むことにより、睡眠時での呼吸などをモニタリングすることにより健康状態を見守ることもできる。

室内の危険な動きや状態を検知･識別する信号フローを図 6-1 に示す。例えば、図 6-2 のように室内ドアの上部に UWB センサを設置すると、受信信号（レンジプロファイル）の距離情報や入退室から室内全体の動きと状態を把握できる。レンジプロファイルの測距精度は信号帯域幅に逆比例し、例えば1GHzの帯域幅では15cmの精度になる。図6-3（a）に室内ドアの上部に設置したアンテナからUWB波を照射したときのレンジプロファイルの例を示す。ここで太線は無人状態の平均レンジプロファイル $\overline{P_{static}(\tau)}$（平均処理により雑音は抑圧されている）、そして細線は

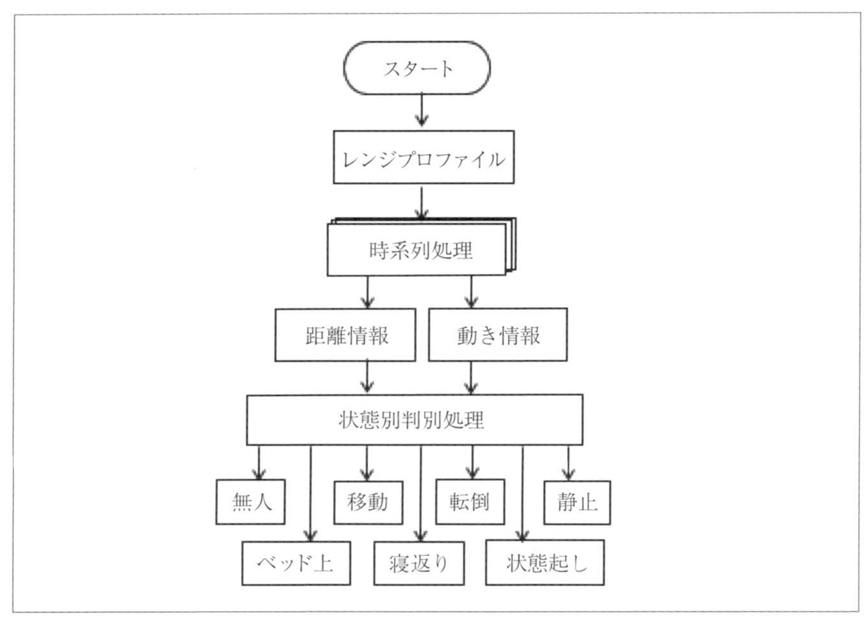

〔図6-1〕状態推定のフロー

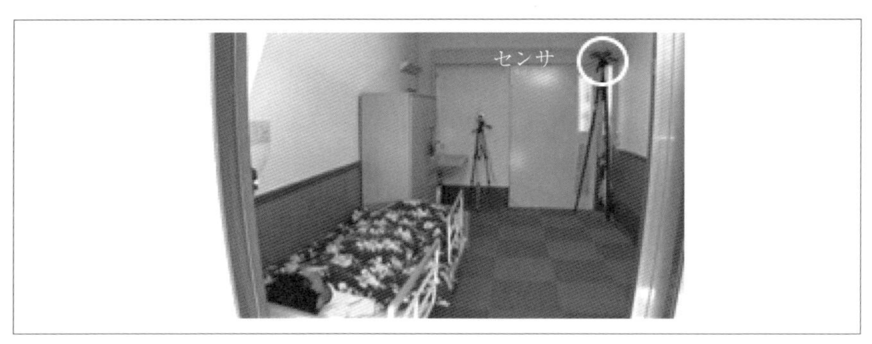

〔図6-2〕室内実験環境

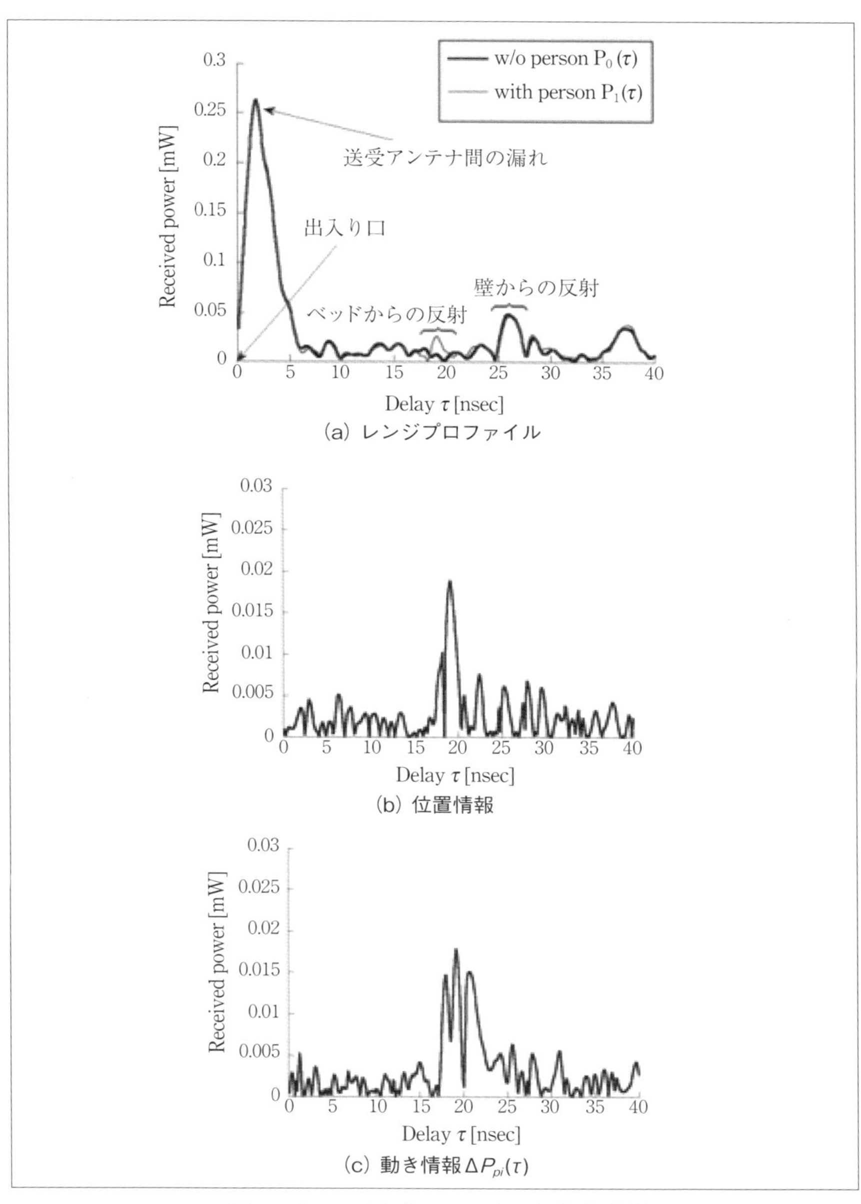

〔図 6-3〕レンジプロファイルと差分信号

在室時のレンジプロファイル $P_{m,i}(\tau)$ である。なお、$\tau=2$ns 前後に見られる大きな信号は送信アンテナから受信アンテナへの回り込みである。そこで、次式のように各プロファイルの差分を差分プロファイル $P_{m,i}(\tau)$ と定義し、それを同図（b）に示す。

$$\Delta P_{m,i}(\tau)=|P_{m,i}(\tau)-\overline{P_{static}(\tau)}| \quad \cdots\cdots \quad (6.1)$$

ここで、$\overline{P_{static}(\tau)}$ は退室時に逐次更新される。

式（6.1）は室内における物理的変化を表し、例えば同図（b）から $\tau=20$nsec 付近に大きな差異が見られ、そこに動きがあることを示している。従って、人が室内を動くとその動き（動点）にも変化が現れ、またベッドで寝ている場合には動点は移動せず一定となる。従って、式（6.1）の変化（距離と信号強度）から人の位置と動作などを推定している。また人が体を動かすとレンジプロファイルの形状も時々刻々と変化する。そこでレンジプロファイル $P_{m,i}(\tau)$ と 1 フレーム（送信パルス周期）前の遅延プロファイル $P_{m,i-1}(\tau)$ を時間差分することでフレーム間における人の動きの速さなどを推定することができる。この情報を次式のように動き情報 $P'_{m,i}(\tau)$ と定義する。

$$P'_{m,i}(\tau)=|P_{m,i}(\tau)-P_{m,i-1}(\tau)| \quad \cdots\cdots \quad (6.2)$$

上記の位置情報と動き情報から室内の人の状態や挙動を検出する。そこで室内を人が動いた場合に $\Delta P_{m,i}(\tau)$ が時間的にどのように変化するかを図 6-4 に示す。横軸が遅延時間、奥行きが時間、色の濃さは変化量を表している。ここで図中の数字はそれぞれ①無人、②入室からベッドへの移動、③ベッド上での寝返りを含む体位変動、④ベッド上で上体を起こしている動作を表している。$i=1\sim50$［フレーム］では室内は無人であり、このときレンジプロファイルの形状はほとんど変わらず、変化量は観測されない（図 6-4（a）の①）。しかし、被験者が入室後にベッドの方へ歩いていくと変化が観測され、それが物理情報と動き情報共に軌跡として現れることがわかる（図 6-4 の②）。図 6-4 の③では被験者がベッド上で寝返りなど体位変動を行っており、特に動き情報においては体が

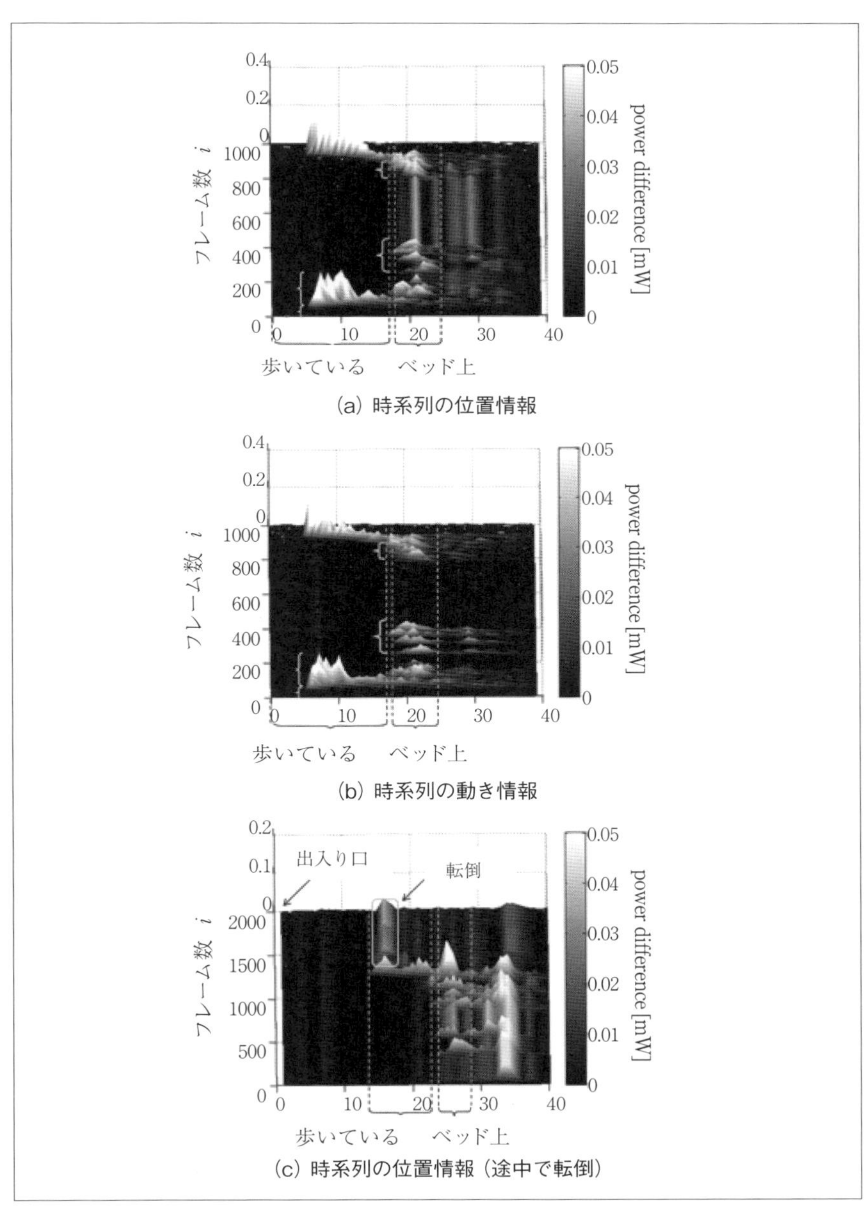

〔図 6-4〕位置及び動き情報の変化

動いたときのみ変動が観測されている。また人がベッドで寝ている場合など同じ位置で静止している場合には図 6-4（b）の③と④の間のように動き情報に変化が見られない。このように距離情報から人の場所を特定し、動き情報からは人の動きの有無を観測している。従って、ベッド周辺の観測点における動き情報を観測することによりベッド上の動きを計測することができる。同様にアンテナの位置からベッド周辺よりアンテナ（出入口）側の観測点を室内移動の範囲と定義し、距離情報を観測することで離床、室内移動、さらに動作軌跡を計測することができる。

例えば、図 6-4 の③④について注目すると、④の方が③に比べて変動が時間的に長く継続していることがわかる。なお、人は③で 2 回寝返りをした後、体の一部を動かす動作を 2 回行っている。そこでこの継続時間の違いについて注目し、機械学習を用いて上体を起こしていると判定する。また室内移動において途中で転倒した場合についても検知できる。そこで同図（c）に転倒を含むシナリオについて動作軌跡を観測した例を示す。この計測において 1400 フレーム付近で被験者が転倒すると仮定している。室内の出入りであれば同図（a）のように変動するが同図（c）の 1400 フレーム以降の被験者の動点の軌跡を観測すると移動しておらず一定の距離で止まっていることがわかる。以上の信号処理アルゴリズムを用い、被験者の状態を ベッド上で上体を起こす（上体起こし）、ベッドで寝返り（寝返り）、ベッド上で眠っている（ベッド上）、離床時や歩いているときに転倒する（転倒）、室内を歩いている（室内移動）、静止している（静止）、退室（無人）の 7 つの状態について判別する。

6．2．3　検知特性

(1) 実験方法

実験では図 6-2 に示すように室内のドア上部にアンテナを設置し、図 6-1 に示したアルゴリズムにより人の状態・動作（以下、状態）を推定する。実験では離床と転倒に着目し、6 つの状態（ベッド上の「上体起こし」、「寝返り」、「睡眠」、「転倒」、「退室」、「室内移動」）について検討した。なお、状態判定では誤検知率が 10^{-3} 以下になるように閾値を設定し、具体的な動きや状態について室内に設置したビデオカメラで確認しながらオンラインで判定結果と照合する。

(2) 実験結果

高齢者の様々な行動パターンについて、被験者5名（20代男性：4名、50代男性：1名）が予め設定した様々なシナリオ1～3に沿って5日間実験を行った。測定では200秒間計測を行い、寝返りや上体を起こす動作、ベッドから離れて部屋から出て行く動作など日常的な動作が含まれている。なお、被験者の状態について6つの状態（上体を起こす、ベッドで寝返り、ベッドで眠っている、室内移動、転倒、無人）について判

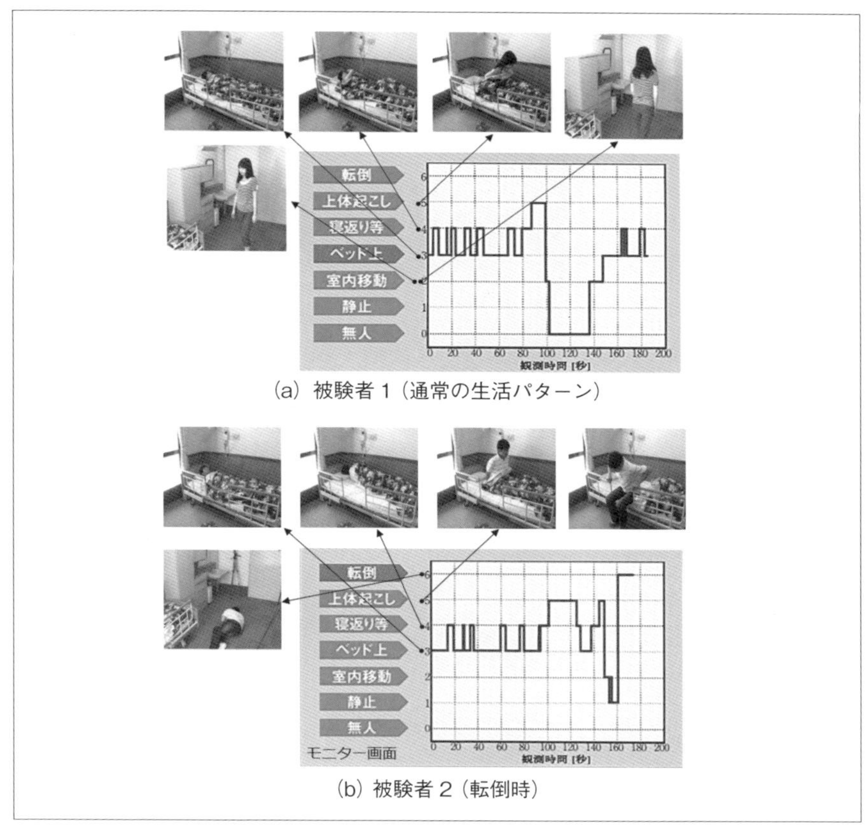

(a) 被験者1（通常の生活パターン）

(b) 被験者2（転倒時）

〔図6-5〕実験光景とモニタ表示の例

定を行った。実験では上体を起こす動作以外は「ベッド上で寝返り」、「眠っている」と判定している。そのため目を覚まして体を動かした場合も、入室しベッドに寝る場合も「ベッド上で寝返り」と判定している。シナリオ1では部屋を出た後被験者が戻ってこないため、約130秒以降無人状態と判定されている。このように退出時間が長く続くことによってそれを徘徊の可能性として職員に告知することも期待される。また、シナリオ3において、約130秒後に被験者が転倒しており、状態判定の方も数秒後に転倒していると判定されていることがわかる。以上について、「入退室」「転倒」「上体起こし」の3つの状態について検知率を求めた。試行回数は無人状態が44回、離床動作が51回、上体を起こす動作については70回の計測を行い、検知率を算出した。特に「上体起こし」については本センサの目的であるため試行回数を他の動作よりも多く行った。その結果、上体を起こす動作は約91%、「転倒」は100%、また「寝返り」や「静止」、「室内移動」などその他の状態については約99%であった（表6-1参照）。また寝返りなど他の動作を「上体起こし」と誤検知した確率は全体の9.7%であった。本実験では、動点の動きだけから各状態を検知識別したが、一般に部屋の居住者は決まっており、教師有りの機械学習を用いることにより特性は大きく改善できる[7]。

〔表6-1〕検知特性

状態	検知率[%]
入退室	100
上体起し	91
転倒	100
その他の状態	99

６．３　浴室内見守り技術

６．３．１　浴室内見守り技術と課題

浴室内事故は多く、死亡者数は年間約１万７千人に上ると推計されている [8][9]。中でも、既往症を抱えた高齢者は冬場に寒い浴室と暖かい室内との温度差で急激に血管が収縮する「ヒートショック」と呼ばれる症状で立ちくらみを起こし、そのまま浴槽で水死するケースが増えている。一般に、浴槽内での事故は、4 分間心停止状態が続くと救命率が著しく低下するため事故を素早く発見することが救命につながると言われている。しかし、浴室内はプライベートな密閉空間であるため発見が遅れて、重篤化するケースが多いのが現状である。そこで事故を予防するために浴室内に暖房を設置し、入浴事故予防のための入浴法を配布するなど様々な取り組みが行なわれている。これまで CCD カメラや赤外線、光センサなどが開発されたが、広く利用されていない [10]。その理由として、プライバシー上の課題だけでなく、湯気、体温と同程度の浴槽湯、シャワー湯や浴槽の湯面変動、マルチパスなど様々な外乱や動きなどの中で人の危険な状態を検知・識別することが難しいためである。そこでマルチパス耐性と測距精度に優れた UWB センサにより入浴者の距離と動き情報とから危険な動作や状態を検知する浴室内見守りセンサが検討されている [11][12]。例えば、浴槽横に設置した UWB センサにより浴槽内を含む浴室内全体を監視し、入浴者の位置情報と動作情報（特徴量）から機械学習を用いて様々な危険な状態を検知識別できる [13]-[15]。

６．３．２　見守り技術

浴室見守り技術の信号フローを図 6-6 に示す。本センサは浴室内の給湯リモコンの位置に設置した。アンテナから信号を送信し、受信したレンジプロファイルから入浴者の位置情報と動作情報（特徴量）から危険な状態を検知識別できる。

６．３．３　検知性能

(1) 実験方法

具体的な条件や仕様については省略するが、図 6-7 に示す浴室において検証実験を行った。同図の浴室は $1.4 \times 1.6 \times 2.05\mathrm{m}^3$ の一般的な浴室で

あり、UWBセンサの設置位置は給湯リモコンと同じ位置に設置した。2人の被験者（4つのシナリオ）による実証実験結果を紹介する。図6-8に4つのシナリオに状態推定結果を示す。シナリオ1は通常の入浴であり、シナリオ2は湯船に浸かり一定時間経過後、意識を失い溺水するケース

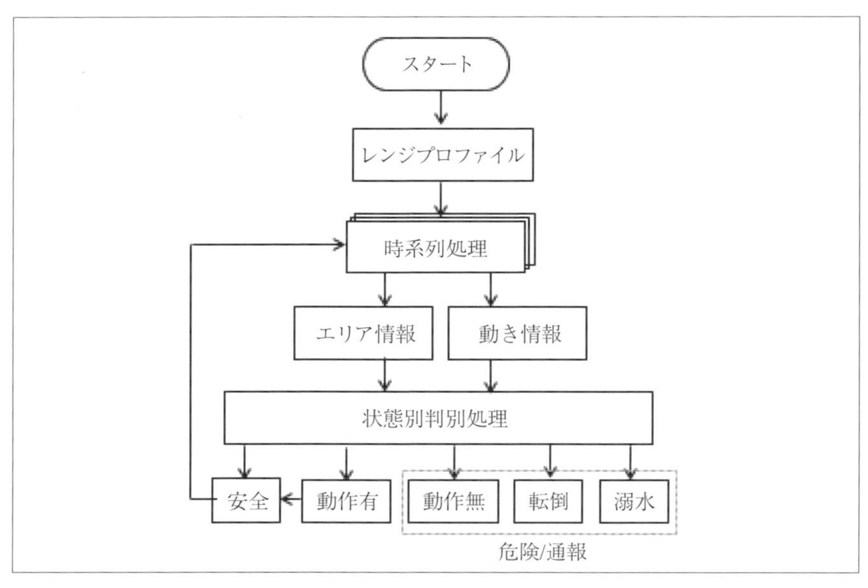

〔図6-6〕状態検知のフロー

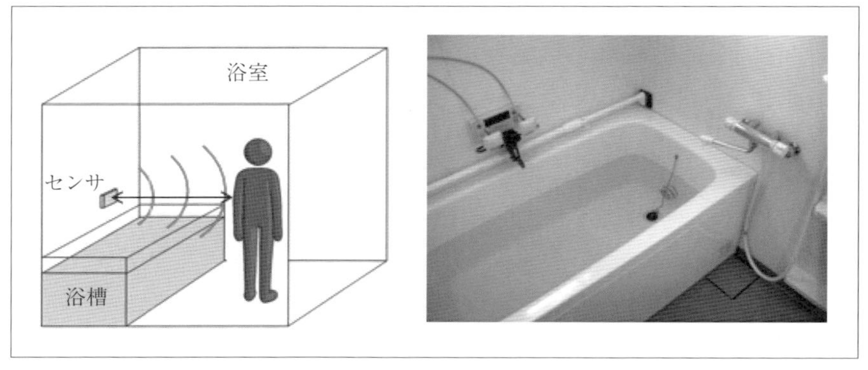

〔図6-7〕浴室内環境

である。そして、シナリオ３は風呂桶を使って体を流した際に転倒し、シナリオ４はシャワーを固定した状態で体を流した際に転倒するケースである。なお、転倒するケースでは、シャワーは流したままの状態とする。

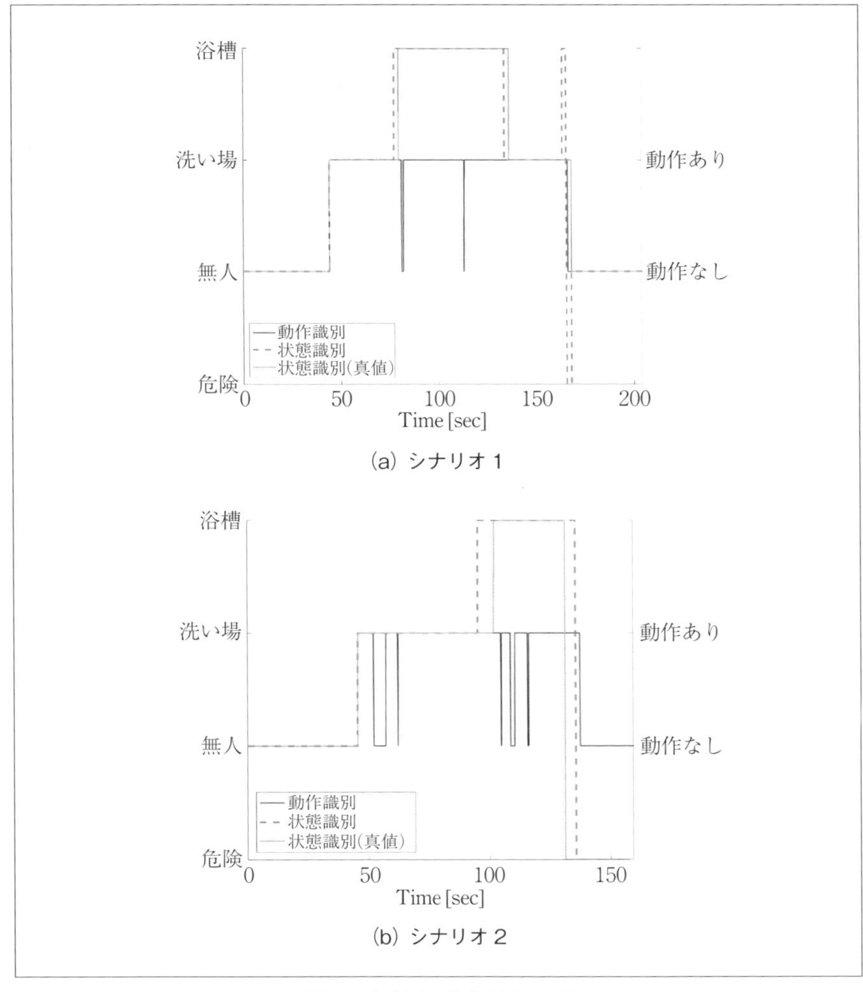

〔図 6-8〕状態推定結果の例

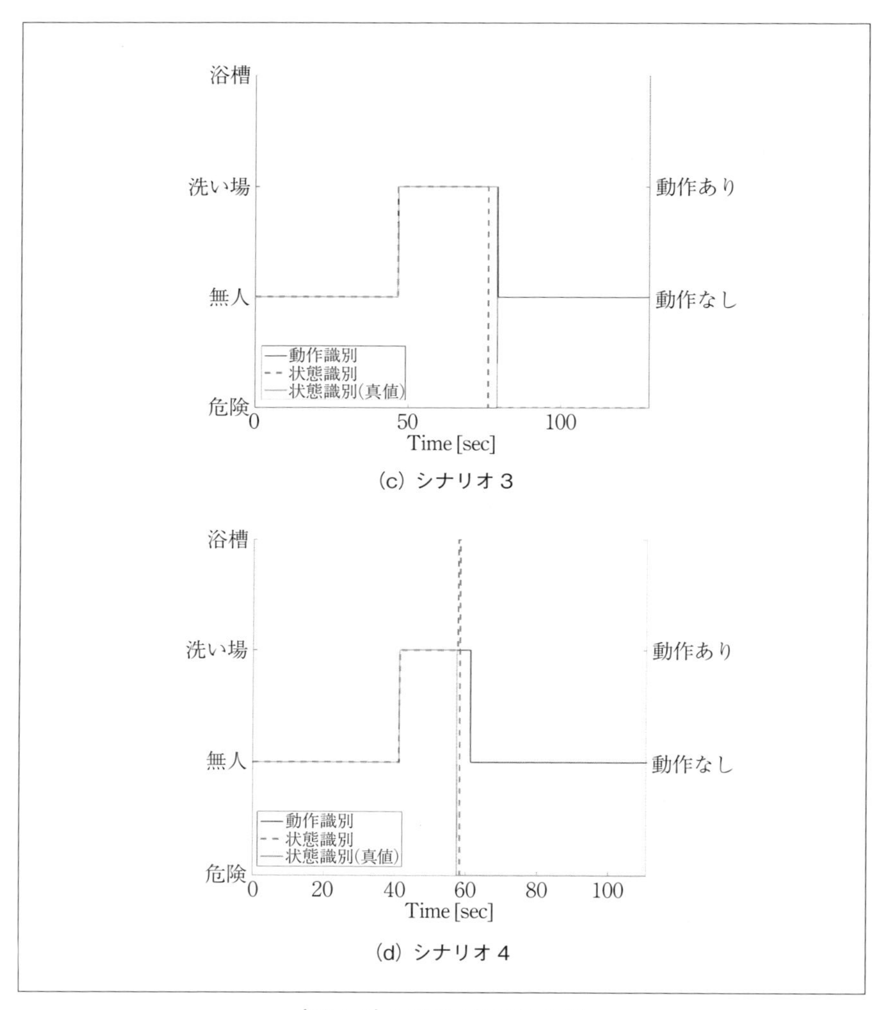

〔図 6-8〕状態推定結果の例

(2) 実験結果

表6-2に被験者A、Bの状態識別率結果を示す。同表から被験者A、Bの各シナリオにおける状態識別率は90%以上であり、湯面変動やシャワー動作などの影響があっても浴室内の被験者の状態を高精度に識別することができる。上述したように浴室内はシャワーや湯面変動など外乱が厳しく、また湿度や室内温度も変化する。UWBセンサは、このように他のセンサと異なり、このような環境下や条件の中で入浴者の動きや状態、そして生体情報を推定できる。

〔表6-2〕状態識別率

状態	検知率
入室	84.8%
着座	100%
退室	92.96%
危険	95.2%

6.4 トイレ内見守り技術

6.4.1 トイレ内見守り技術と課題

トイレ内は排便時に発作や失神を起こしやすく（排便ショック）、特に既往症を抱えた高齢者にとっては浴室内と同じように危険な場所である。また冬場の夜間になると暖かい布団の中と寒いトイレとの温度差によりヒートショックを起こしやすく、発作や転倒するリスクはさらに大きくなる。このような発作や転倒が起きた場合には早急な対処が必要であるが、トイレ内は浴室内と同様にプライバシー性が高い密閉空間であるために発見しにくい。そこで一定の時間内に人の動きがないと危険を知らせる赤外線やドップラなどの人感センサが開発されているが、人の排便時の動作や転倒を素早く検知・識別することが難しい。また、高齢者にとって健康管理は重要であり、特にトイレ時など日常的な活動の中で拘束することなく、呼吸や拍動などの生体情報を監視することが望まれている。そこで、事故を検知するだけでなく、日常的な健康管理も担うトイレ内見守りセンサの開発が必要である。

6.4.2 見守り技術

UWB 電波センサによりトイレに入った人を非接触で特定し、排便時の力みによる脳卒中や失神（排便ショック）、冬場のヒートショックによる転倒など危険な動作や状態を素早く検知し、通報する。開発システムの特徴は以下の通りである [16]。

・UWB センサによる高精度な距離情報から、6-2 節の浴室内センサと同じようにトイレ内の入退室、転倒、失神を検知できる。
・着座時の人の呼吸・心拍、排便時の力み動作を検出する。
・トイレ内の動点を追跡し、家族全員の特徴量（動き、呼吸データ、着座位置、体動など）を機械学習により個人認証する。そして、個人ファイルの中に日々の呼吸・拍動データを蓄積し、無意識な生活の中で健康管理を行う。

6.4.3 検知特性

(1) 実験方法

異なる２ヶ所のトイレで実験を行った。図 6-9 に示すように両トイレの蓋裏に設置したアンテナからドアまでの距離は1.4mでドアの外の壁までの距離は2.5mであった。なお、相違点として一般家庭では入出する際には引き戸であるのに対し、公共施設では押し戸である。これは多くの人が利用する場所であり、退出する際のドアによる接触事故を回避するためである。

(2) 実験結果

実験では無人状態から開始し、入室して着座、退出するまでのシナリオと着座後に失神、トイレ内と外での転倒する様々なシナリオについて検討した。なお、4つの状態「無人」「室内」「着座」「危険」について判定を行い、失神やトイレ内転倒・トイレ外転倒は一括して「危険」と判定した。では各シナリオに対する状態推定結果例を図6-10 (a) - (c) に示す。ここでは実線は推定した状態推移、そして破線は実際の状態推移を示している。以上について実験を行い、上記の4つの動作・状態について検知率を求めた。試行回数は入室・着座検知はそれぞれ66回計測し、退出検知は28回、危険検知は42回計測を行った。またこの回数は家庭用トイレと公共施設のトイレで行った総計の回数である。推定結果を表6-3に示す。着座状態については100%、退出検知率は92.85%、危険検知率は95.23%であった。

次に着座時の呼吸について同時に計測した。ここでは1分間の呼吸波形と電力スペクトルを図6-11に示す。同図 (b) から呼吸スペクトルは

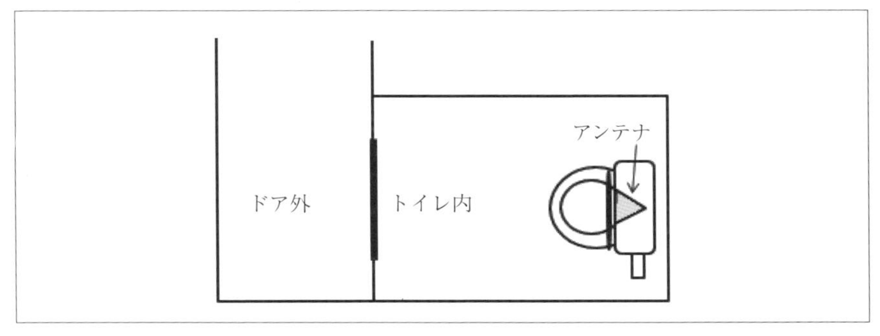

〔図6-9〕トイレ内環境

0.24Hz で、推定誤差は 1 分間で最大 0.18 回、3 分間で最大 0.27 回とFFT 時の量子化誤差程度であり、着座時の被験者の呼吸を推定できる。

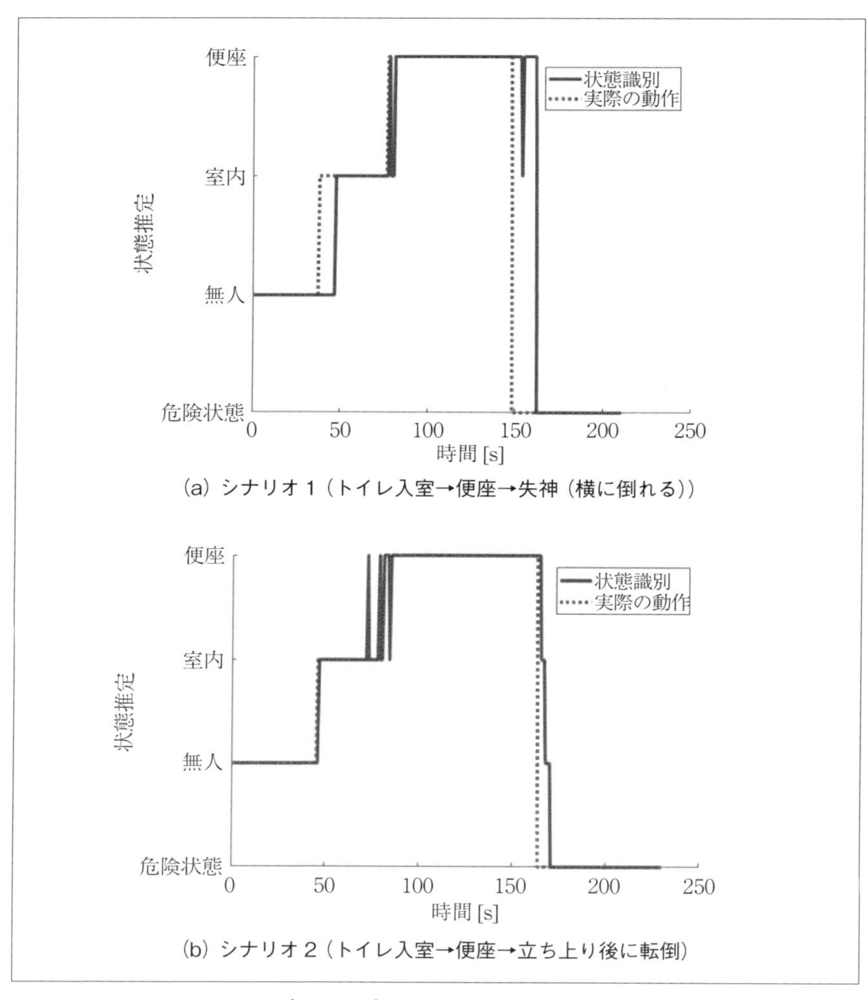

〔図 6-10〕状態推定結果の例

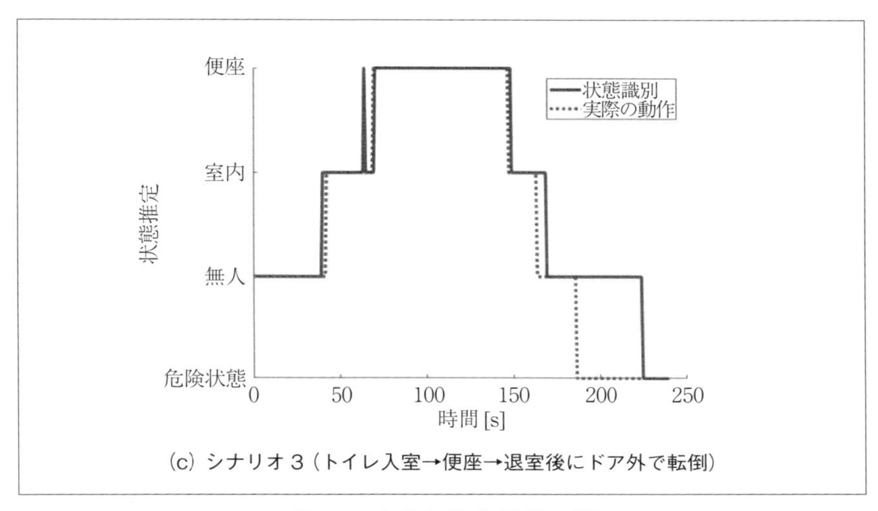

(c) シナリオ３（トイレ入室→便座→退室後にドア外で転倒）

〔図 6-10〕状態推定結果の例

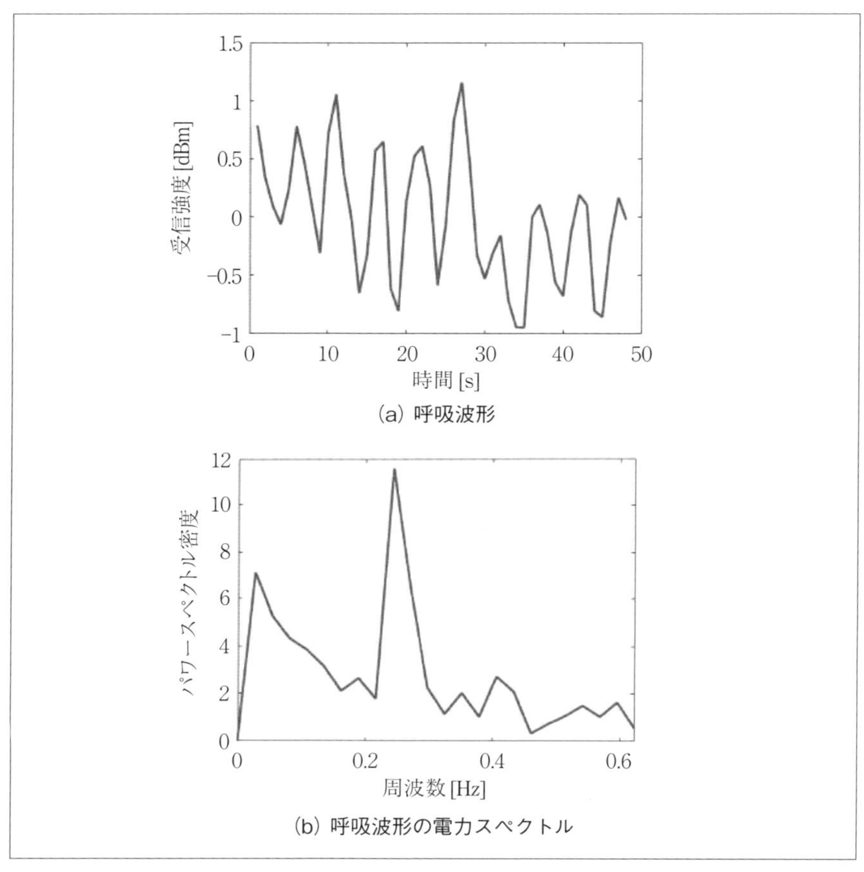

(a) 呼吸波形

(b) 呼吸波形の電力スペクトル

〔図 6-11〕着座時に観測した呼吸信号

〔表 6-3〕状態識別率

	被験者 A	被験者 B
シナリオ 1	95.47%	93.76%
シナリオ 2	93.15%	95.45%
シナリオ 3	97.77%	97.86%
シナリオ 4	99.24%	98.91%

参考文献

[1] 関弘和・堀洋一, “高齢者モニタリングのためのカメラ画像を用いた異常動作検出”, 電学論 D, Vol.122, No.2, pp.182-188 (2002)

[2] Comprehensive Survey of Living Conditions of the People on Health and Welfare, Ministry of Health, Labour and Welfare (2007), 国民生活基礎調査 (2007) 厚生労働省

[3] 齊藤光俊・北園優希・芹川聖一, “赤外線センサを格子状に配置した人物状態推定センシングシステムの開発”, 電学論 E, Vol.128, No.1,pp.24-25 (2008)

[4] 大田恭平, 大津貢, 太田優輝, 梶原昭博, “超広帯域無線による高齢者の状態監視センサ,” 電学論 (C), Vol.131, No.9, pp.1547-1552, May.2011.

[5] 大津貢, 中村僚兵, 梶原昭博, “ステップドFMによる超広帯域電波センサの干渉検知・回避機能”, 信学論 B, Vol.J96-B, No.12, pp.1398-1405, Dec.2013.

[6] 中村僚兵, 梶原昭博, “ステップドFM方式を用いた超広帯域マイクロ波センサ”, 電子情報通信学会論文誌 B, Vol.J93-B, No2, pp274-282, Feb.2011

[7] 松隈聖治, 梶原昭博, “自己符号化器を用いた高齢者の見守りセンサの実験的検討”, 電子情報通信学会総合大会, 名城大学, 愛知, A-9-5, Mar.2017.

[8] 馬場晃弘, “ヒートショック死, 交通事故より多い寒暖差に注意,” 朝日 DIGITAL, Dec.2017.

[9] 中日新聞 2013. 2. 3

[10] http://d-wise.org/b200202/bath.pdf

[11] 魚本雄太, 梶原昭博, “UWB電波センサを用いたSVMによる浴室内監視システムの提案”, 電子情報通信学会2018年総合大会, 東京電機大学, 東京, B-20-4, Mar.2018

[12] K.Kashima, R. Nakamura, A. Kajiwara, “Bathroom movements monitoring UWB sensor with feature extraction algorithm,” IEEE Sensor and Application symposium 2013 (SAS2013), Galveston, TX, 19-21 Feb.2013.

[13] 日野幹雄 ,「スペクトル解析」, 朝倉書店 , (1977)
[14] C.M. ビショップ 著 (2008)『パターン認識と機械学習 下』(元田浩ほか訳) シュプリンガー・ジャパン株式会社
[15] 坂元慶行 , 石黒真木夫 , 北川源四郎 ,「情報量統計学」, 共立出版 , (1983)
[16] 土山恭典, 梶原昭博 , "Accident detection and health-monitoring UWB sensor in toilet, " Proc. of IEEE RWW, Jan. 2019.

7. 生体情報監視技術

少子高齢化に伴う課題として社会保障費の増大と生産人口の減少が挙げられ、その解決策としてセンサを中心としたICTの利活用が検討されている。例えば、日常の健康管理の手段として生体情報の把握は重要であり、特にストレス評価のための心拍変動の計測技術が注目されている。また健康状態に起因する交通事故も増加傾向にあり、今後さらに増えると予想され、精神的・肉体的負担をかけない非接触で非侵襲な生体計測システムの開発が求められている。

本章では、7-1で生体情報監視技術と課題を述べ、7-2で呼吸監視技術を、そして7-3で拍動監視技術について概説する。

7．1　生体情報監視技術と課題

現在、実用化されている呼吸や拍動など生体情報監視技術の多くが接触型であり、体位変動などによるセンサの装着外れや長時間の接触・装着に伴う不快感、肉体的負担、充電等のメンテナンスの必要性などにより広く普及していない。そのため、測定時に精神的・肉体的ストレスを感じさせない非接触なセンサとしてドプラセンサが報告されているが、安定性や信頼性において課題が残る [1]-[4]。近年では、呼吸や心拍数だけではなく、労働環境における人のストレス状態や車の運転時の眠気など感情や精神状態までを推定したいという要望も増えている。従って、単に平均心拍数ではなく、1 拍毎の心拍ゆらぎを検出する研究が活発に行われている。一方、介護施設や保育園での職員の過重負担を軽減するために、複数の高齢者や乳幼児の健康状態の見守りが期待されている。しかし複数人の呼吸等の生体情報を同時に非接触・無侵襲で監視するシステムは開発されていない。そこで、7-2 で複数人の呼吸を非接触・無侵襲で同時に監視する UWB センサ技術、7-3 で 1 拍毎の拍動ゆらぎを監視する UWB センサ技術を紹介する。

7．2　呼吸監視技術

日常生活の中で、常にセンサの存在を意識することなく、非接触・無侵襲で室内の複数人の呼吸を同時に監視する呼吸監視技術について述べる。また自動車の衝突安全や運転支援技術の高機能化のために、座席状況の把握が求められている。これまでドライバーの運転状況を把握するカメラなどが開発されており、また感圧式の着座センサなども商品化されている。これらの要件として一つのセンサでドライバーの運転状態の把握だけでなく、座席の状況（チャイルドシートの有無、各乗員の位置など）に応じてエアバッグ展開の制御や事故時の緊急対応（必要な救急車の台数など）を行うためにも座席状況を判断する必要がある。

7．2．1　呼吸監視技術

UWB センサはマルチパス耐性に優れ、複数人の呼吸や動きを同時に監視することもできる [4][5]。このため介護施設や保育園、車内などの入居者の見守り、乳幼児無呼吸症候群（SIDS）の予防、着座センサなど様々な応用が期待できる。そこで、UWB センサにより複数人の呼吸を同時に監視する技術について述べる。UWB センサにより受信したレンジプロファイルはその信号帯域幅に応じて各反射波が分離・識別され、それぞれ独立した信号処理が可能である。例えば、アンテナから複数人までの経路長差が距離分解能以上離れていれば各反射波を観測することによって異なる人の呼吸や動きを同時に推定できる。簡単な実証実験として、図 7-1 のように天井に設置したアンテナから UWB 電波を照射し、ベッド上の複数人の呼吸を監視するシナリオを考える。受信信号には人からの反射信号だけでなく、ベッドや床からの大きな反射波も含まれている。しかし、ベッドなど固定物からの反射波は時間的に変化しないが、人からの反射波は呼吸や体動等の生活反応により変化する。従って、各反射波の動きを抽出し、それぞれの位置（動点）を追尾し、その信号強度変動から呼吸や拍動を推定する。また信号には呼吸成分だけでなく、軽微な拍動成分も重畳している。従って、フィルタにより呼吸と拍動成分を分離し、信号処理を行うことによって拍動成分を抽出することができる。

7．2．2　検知特性

(1) 実験方法

図 7-1 の室内環境で複数人の呼吸を計測した。ここでベッドや床からの不要反射波を取り除き、人の情報を抽出する。なお、センサの帯域幅は 1GHz、送信電力は−20dBm、そして、被験者は衣類を身に着けてベッド上で夏用掛け布団をかけて横になっている。なお、ミリ波を含む電波の伝搬特性は、赤外線と異なり衣類や布団などの影響はほとんど受けない。

(2) 実験結果

ベッド上で仰向けになった人の呼吸波形と電力スペクトルの例を図 7-2 に示す。なお、呼吸波形の有効性を確認するために胸部に伸縮性ワイヤセンサ（同図の wire 表示）を取り付けて呼吸に伴う胸部の動きを同時に計測した。図 7-2 (a) から周期的な信号強度変動がみられ、吸息と呼息に伴う信号強度変動は胸部の物理変動と一致している。また同図 (b) は UWB 及びワイヤセンサにより 120 秒間計測した波形をフーリエ変換（FFT）した電力スペクトルである。ここで原理確認のため前処理

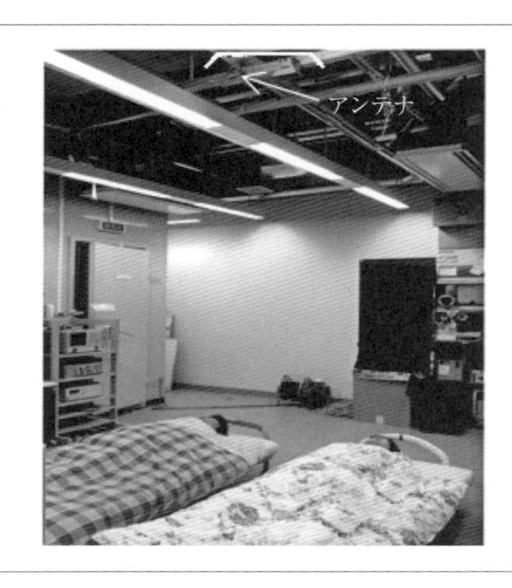

〔図 7-1〕測定環境

などは行っていない。同図から両センサの電力スペクトルから共に約0.25Hz（1分間の呼吸数に換算すると15回）で高いピークが確認でき、呼吸周波数を正確に検出していることがわかる。なお、同図（a）の呼吸波形に比較的低周波の小さな変動（包絡線変動）が見られるが、これは呼吸の深さや微少な体動による影響である。以上について8人の被験者

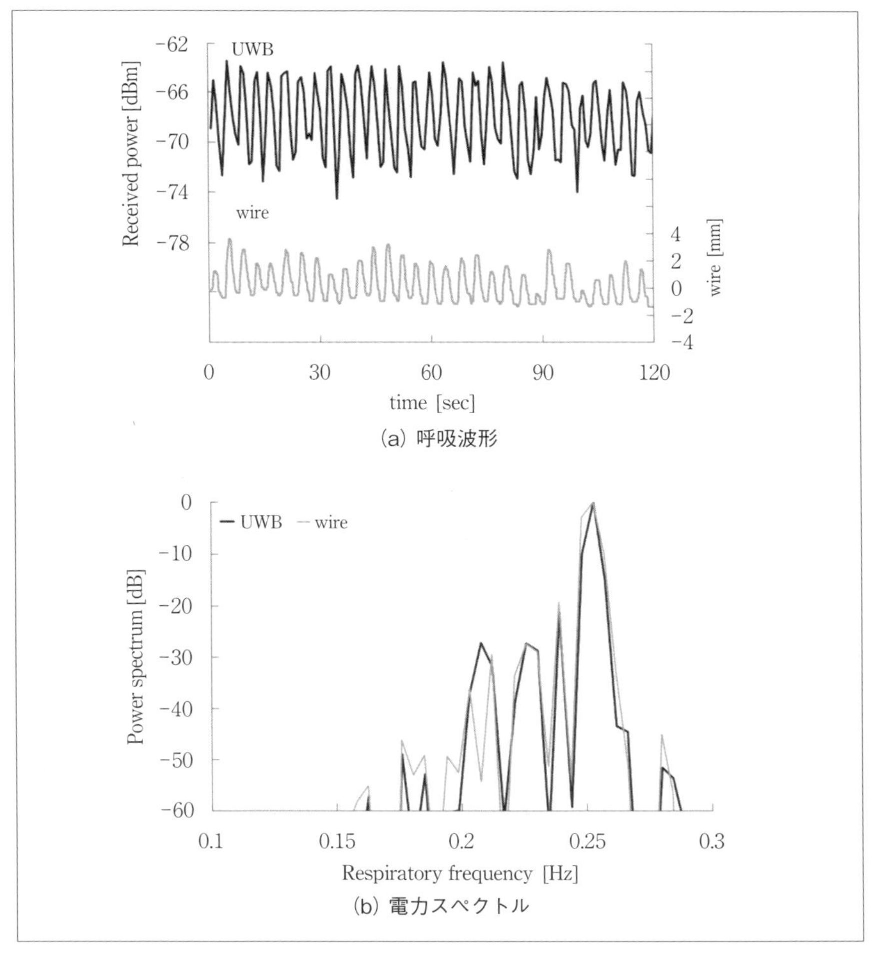

(a) 呼吸波形

(b) 電力スペクトル

〔図 7-2〕呼吸運動波形の例（仰向け時）

（p_1～p_8：p_1 は女性、p_2～p_8 は男性）に対しても同様に実験を行ったのでその結果を表 7-1 に示す。ここで平均誤差はワイヤセンサで計測した呼吸数を真値として 8 人の誤差の平均について小数点 1 桁以下を切り上げて求めた。一般に受信信号強度や呼吸運動に伴う変動幅は個人差（体型や体格、性別、腹式 / 胸式呼吸など）によって異なる。また呼吸数の誤差は最大 1.1 回で 8 人の誤差の平均は 0.35 回と小さく、FFT の量子化誤差程度であった。なお、仰向けだけでなく、横向きやうつ伏せの状態なども想定される。そこでうつ伏せ状態にあるときの計測結果を図 7-3 に示す。同図からうつ伏せ時でも同様にほぼ正確に呼吸運動を検出していることがわかる。ここで仰向け状態に比べて信号強度が約 10dB 大きくなっている。これは背中のほうが比較的平坦であるためうつ伏せ時の有効反射断面積が大きいためである。また側臥位（横向き）の状態については、感度（呼吸に伴う信号強度の変動幅）はアスペクト角により依存するが同様な結果が得られることを確認している。

次に横になった状態で呼吸を途中で止めたときの呼吸波形を図 7-4 に示すが（計測開始 100 秒後から呼吸を約 40 秒間静止）、呼吸停止などの急な波形の変化、つまり無呼吸症候群（SAS）に対して呼吸停止を検知できることがわかる。なお、呼吸を止めて静止している間でも信号波形に小さな変動が見られる。これは被験者自身の拍動や体動、また周囲の動きの影響であると考えられる。また睡眠時のように長時間にわたって

〔表 7-1〕呼吸数の比較（帯域幅 =7GHz）

被験者	呼吸回数 / 分		誤差 [%]
	UWB センサ	真値	
p_1	14.9	15.2	1.9
p_2	11.9	11.9	0.0
p_3	13.1	13.7	4.3
p_4	18.8	19.6	4.9
p_5	13.5	13.5	0.0
p_6	10.8	10.8	0.0
p_7	14.8	15.9	1.1
p_8	12.2	12.2	6.9
平均誤差	—		2.38

呼吸を監視する場合には、急な体位変動に対しても呼吸運動を検出し続けることが望まれる。そこで急な体位変動（仰向けからうつ伏せ状態など）に伴う信号強度波形を図 7-5 に示す。同図から急な体位変動に対しても呼吸を正確に検出できることを視認できる。ここでは仰向け時と同じ標本点 T_s に着目してうつ伏せ時の呼吸観測を行っている。従って、

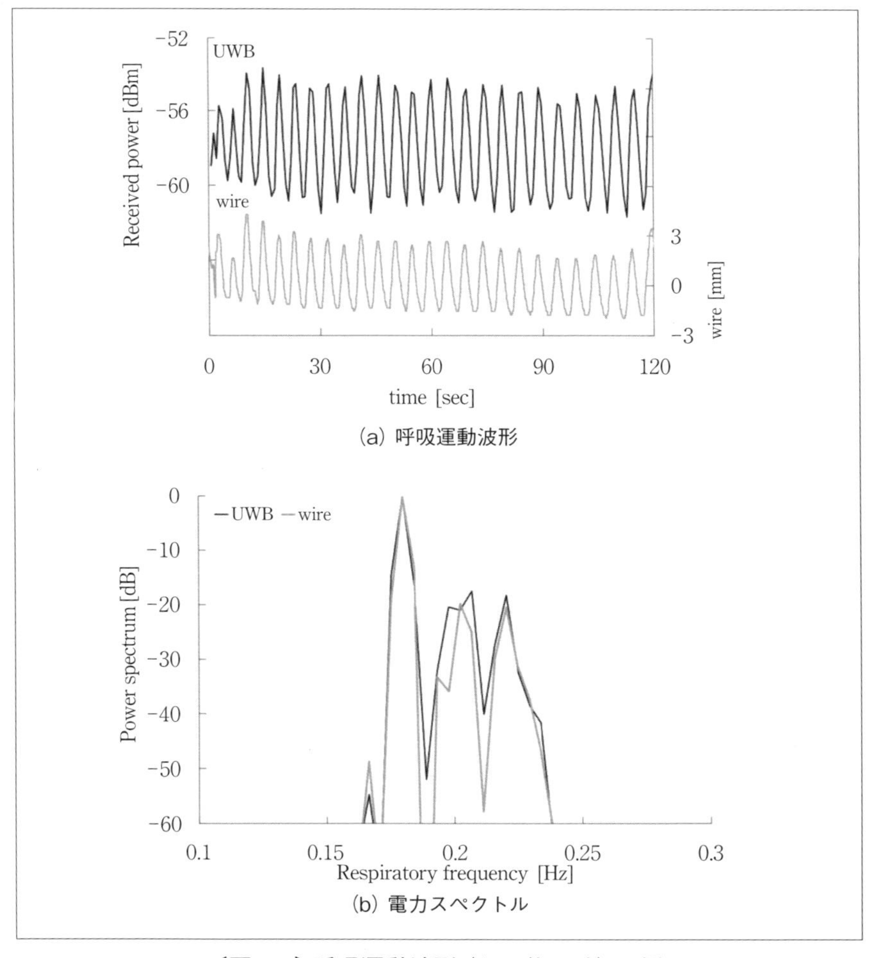

(a) 呼吸運動波形

(b) 電力スペクトル

〔図 7-3〕呼吸運動波形（うつ伏せ時）の例

体位変動によって散乱点の位置が移動したためその信号強度も大きく変化していると考えられる。なお、大きな寝返りや呼吸停止などの急な波形変動に対しては反射パス付近の複数の標本点を同時に観測し、最適な標本点の波形を選択することによって長期の呼吸監視が可能である[3][4]。

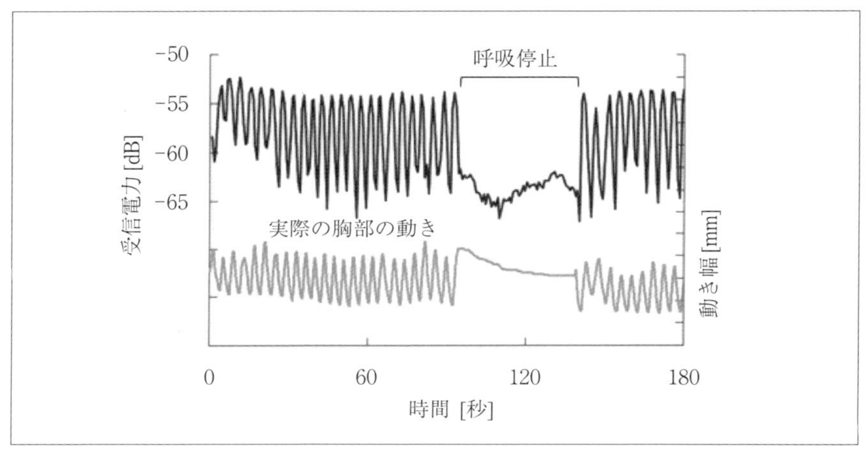

〔図 7-4〕呼吸を止めたときの呼吸波形

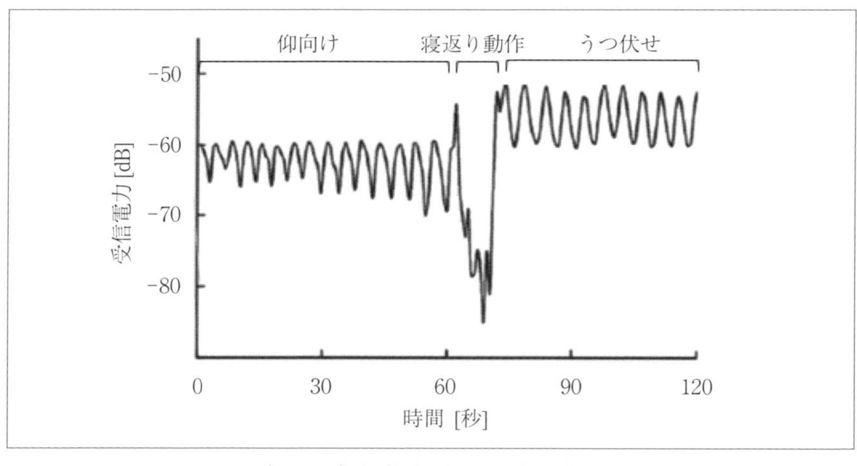

〔図 7-5〕体位変動時の呼吸波形

次に2人の被験者が仰向けの状態でベッド上に横たわっているときのレンジプロファイルと一人の呼吸スペクトルを図7-6に示す。ここで隣接するベッド間隔は約1mであり、アンテナのフットプリント内にいる二人の被験者からの各反射波を十分に分離できる距離である。同図から各被験者までの経路長差がUWB無線のパス分解能以上になるようにベッドを配置することによって同時に二人の呼吸波形を検出できることがわかる。また上述したように観測する標本点を監視することによって寝

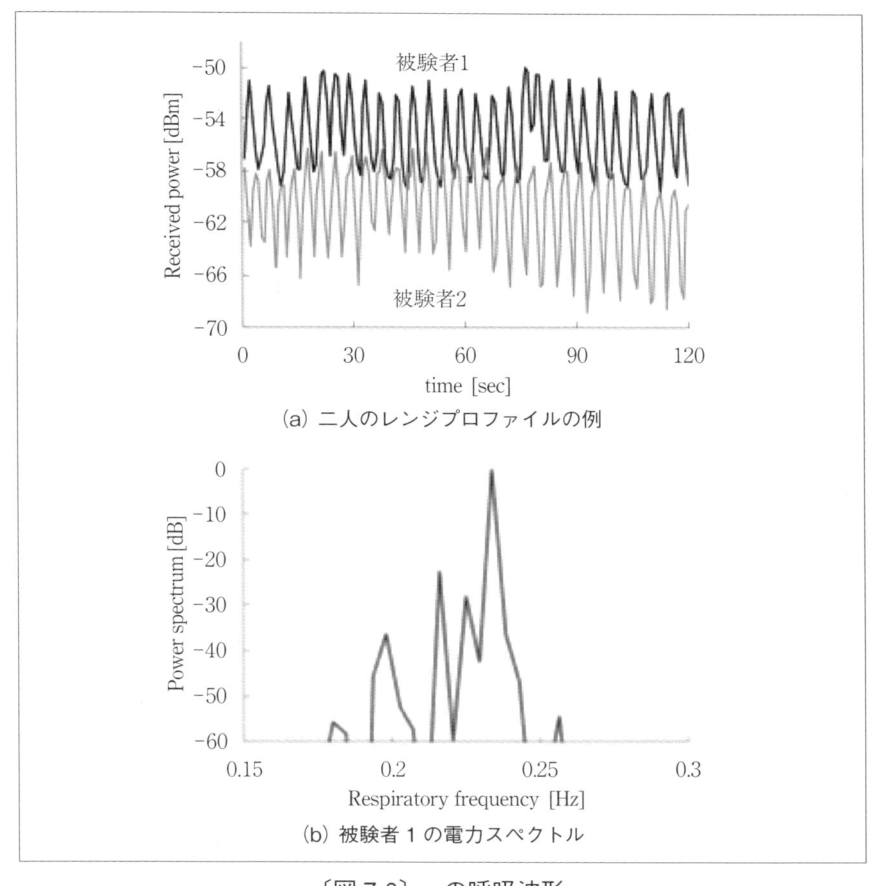

(a) 二人のレンジプロファイルの例

(b) 被験者1の電力スペクトル

〔図7-6〕p_1 の呼吸波形

返りや体動に対しても継続して呼吸監視を継続することができる。以上については7GHzの帯域幅について検討し、原理の有効性について確認した。しかし、実装化や信号処理を想定すると帯域幅が1GHz、またはそれ以下であることが好ましいが各反射波間干渉によって受信感度が低下し、測定精度が劣化することが考えられる。そこでこれまでと同様に図7-1の実験環境で1GHzと0.5GHzの帯域幅で8人の被験者に対して実験を行った。その結果を表7-2と7-3に示す。同図から、平均誤差はそれぞれ3％以下であり、帯域幅が0.5GHzでも測定精度の劣化は見られない。

次に車内を模擬して、図7-7のように着座している三人の呼吸を同時

〔表7-2〕呼吸数の比較（帯域幅＝1GHz）

被験者	呼吸回数／分		誤差［%］
	UWBセンサ	真値	
p_1	12.4	12.6	0.2
p_2	12.2	11.2	8.9
p_3	12.7	12.7	0.0
p_4	21.3	21.0	1.4
p_5	12.7	12.4	2.4
p_6	12.7	13.0	2.3
p_7	15.0	16.2	7.4
p_8	18.0	18.0	0.0
平均誤差	—		2.8

〔表7-3〕呼吸数の比較（帯域幅＝0.5GHz）

被験者	呼吸回数／分		誤差［%］
	UWBセンサ	真値	
p_1	18.7	18.5	1.1
p_2	15.7	14.7	6.8
p_3	15.3	15.3	0.0
p_4	16.9	16.9	0.0
p_5	17.7	17.1	3.5
p_6	12.6	12.4	1.6
p_7	13.4	13.4	0.0
p_8	16.1	15.7	2.5
平均誤差	—		1.9

に計測したときの各反射波の時間波形を示す。同図から正確に呼吸を推定していることを確認しており、また被験者Cの波形から呼吸波形に拍動成分が重畳していることもわかる。従って、同図の波形から呼吸成分を抑圧し、適切な処理を行うことによって拍動成分のみを抽出することができる。

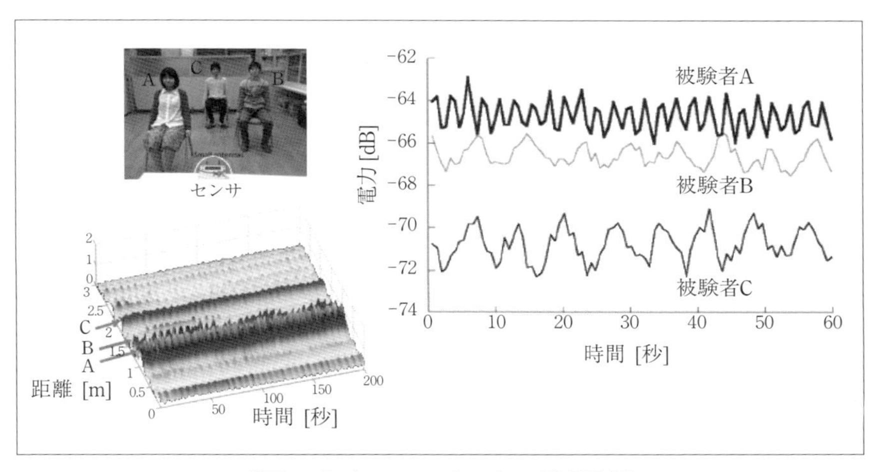

〔図 7-7〕座っている三人の呼吸監視

７．３　拍動監視技術

日常生活の中で、常にセンサの存在を意識することなく非接触・無侵襲な生体情報監視は重要であり、特に僅かな拍動の変動（心拍ゆらぎ）を計測する拍動監視技術について述べる。

７．３．１　拍動監視技術

心拍変動は一日の間にも周期的に変動し、そのリズムはサーカディアンリズム（概日リズム）と呼ばれ、内因性リズムと深く関係するものも含まれる。サーカディアンリズムは長時間の測定が前提であり、日常生活の中で違和感を計測することが必要不可欠である。また心拍は、一拍毎のRR間隔から求めるため、一般的な平均心拍（AHR）ではなく、瞬時心拍（IHR）が必要である。これまでドップラによる心拍推定が提案され、バンドパスフィルタで呼吸成分を抑圧した後に、高速フーリエ変換（FFT）により心拍推定を行っている[5]。しかし、FFTによって時間領域の情報が失われてしまうという問題がある。またマルチパス環境下で心拍成分だけを抽出し、短時間で安定した推定精度を実現することは難しい。例えば、周期定常性を利用した心拍数推定法が提案されているが、ゆらぎのある心拍のような非定常信号の推定には不向きである[5]。またARモデルの係数を共分散法により推定し、求めた係数の周波数特性から心拍を推定している[6]。しかし、共分散法は計算量が多く、信号に小さな固有値が含まれる場合には共分散行列の逆行列を計算するため結果が不安定になることが考えられる。また信号の特徴点を利用した心拍数推定法が提案されている[7]。この手法は心拍周期を高精度に推定可能であるが、高速プロセッサが必要である。またマルチパスの影響を抑圧してSN比を改善するためにスペクトル拡散技術を用いているが、体動や寝返りなどに対して連続して心拍推定することは難しい。

本節では、ステップドFM方式による79GHz帯UWBセンサの特徴を利用して、体動や寝返りなどに対しても安定して心拍変動を推定する技術を解説する[8][9]。ここでは前処理として体動や寝返りなどの影響と呼吸成分を抑圧するためにサンプリングダイバーシティ法と多重解像度解析法を採用し、次にバーグ法による周波数解析法を用いて心拍を推定

する [10][11]。

(1) 最大強度法とサンプリングダイバーシティ

体動や寝返りに対して最大強度法とサンプリングダイバーシティを用いて生体情報信号を連続的に計測する [8]。ここでは動き情報やアンテナから人までの距離（標本値）を特定し、その距離を中心とした一定のレンジゲートを設けることによりレンジゲート内の複数標本値の動きを同時に観測し、常に動きが最大となる標本値を選択しながら、その信号を追跡する（最大強度法)。このようにレンジゲート内の複数標本値の動きを同時に観測し、常に強度が最大となる ϕ を選択しながら、その信号強度を追跡する。これにより一点の ϕ のみを監視する強度法と比較して小さな体の揺れに対しても常に最適な生体情報信号を計測することが期待できる。しかしながら、被験者が体動などで動き、レンジゲートから外れた場合には、継続して生体情報信号を計測することができなくなり、再度最適な標本値を推定する必要がある。そこで体動などに対しても被験者の生体情報信号を追跡するサンプリングダイバーシティを適用する。サンプリングダイバーシティは、複数の標本値を中心としたレンジゲート内を並列処理で監視し、最大強度法で複数の周期信号の観測後に計測した周期信号の中から評価関数をもとに最適な生体情報信号を選択する。評価関数には分散値を用いており、これが最大となる標本値を中心としたレンジゲート内で計測された周期信号を最適な生体情報信号とする。図 7-8 にサンプリングダイバーシティの概要を示す。

(2) バーグ法と多重解像度解析

バーグ法は離散フーリエ変換（DFT）と比べて、短時間信号からでも高い分解能を持つスペクトルを求めることが可能である。心拍信号は非定常信号であるので、短時間の信号から心拍数を推定できることが望ましい。また心拍数から被験者のストレス評価を行うためには、心拍数の変動を捉える必要がある。しかし、長時間の信号から心拍数推定を行ったとき、求まる心拍変動波形は元の心拍変動波形をスムージングした波形になるため、心拍変動を十分に捉えることができず、正確なストレス評価を行えない。以上より短時間の信号から心拍数推定を行えることが望ましい。そこで AR モデルの係数を求めるためにバーグ法を用いた。AR モデルの式は以下に示す。

$$y_n = -\sum_{i=1}^{M} a_i \, y_{n-i} + x_n \quad \cdots\cdots (7.1)$$

ここで y_n は計測信号、a_i は AR モデルの係数、x_n は白色雑音、M は AR モデルの次数を表す。

求まった AR モデルの係数からパワースペクトル密度（PSD）を求める式を以下に示す。

$$P(\omega) = \frac{\sigma^2}{\left|1+\sum_{k=1}^{M} a_k \, e^{-j\omega k}\right|^2} \quad \cdots\cdots (7.2)$$

ここで σ^2 は残差誤差である。

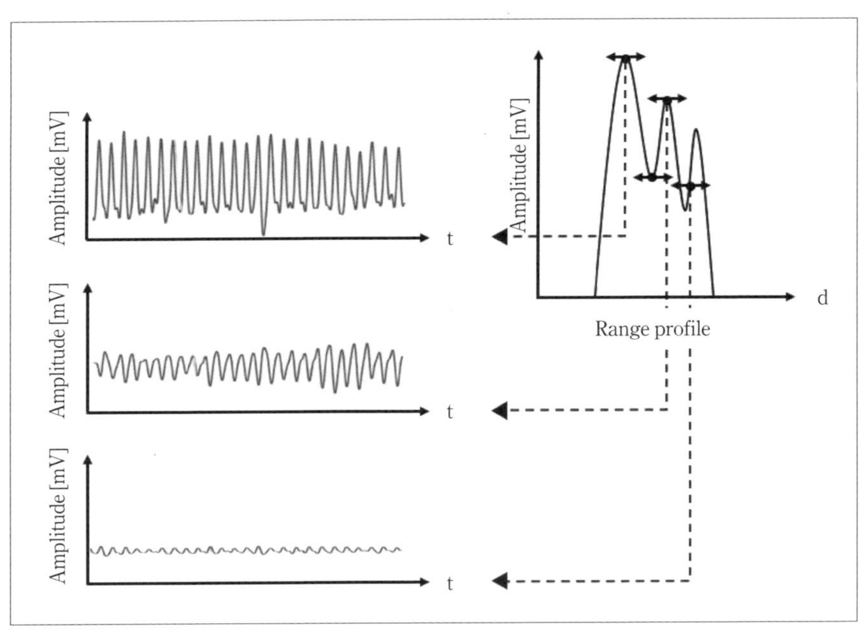

〔図 7-8〕最大強度法とサンプリングダイバーシティ

ARモデルによる解析では次数の決定が重要な課題となる。低い次数を選択したとき、推定結果から心拍数の基本周波数に対応するピークを確認することは難しく、対して高い次数を選択したとき、心拍数の基本周波数に対応するピークを確認することはできるが不要なピークも多数確認でき、誤ったピークを選択しやすくなる。また解析する信号が非定常信号であるため次数を高くしすぎると、正しいスペクトルを求めることが難しくなる。そのため赤池情報量基準（AIC）や最終予測誤差（FPE）のような最適な次数を決定するアルゴリズムが提案されている。しかし、これらのアルゴリズムを用いて常に最適な次数を決定することは難しい。そこで、これまでに計測した生体情報信号を700サンプル（約3.2秒）に時間分割し、分割した信号470個からAICを用いて最適であるとされる次数を求め、ヒストグラムを作成した。AICは以下の式で計算できる。

$$AIC = N \times \log(2\pi\sigma^2) + N + 2(M+1) \quad \cdots\cdots\cdots\cdots\cdots\cdots\cdots\cdots \quad (7.3)$$

ここでNは信号の長さを表す。

AICは1から信号の長さの33%である233まで計算を行った。233まで計算した理由として次数の上限が信号の長さの33%であると示されているからである[8]。作成したヒストグラムを図7-9に示す。ヒストグラムより準最適な次数の決定を行った。なお、級の間隔は5とした。同図よりAICにより求められた最適な次数は42～47が最も多いため、中央値である45を準最適な次数と考える。しかし、この次数では低すぎるため、心拍数の基本周波数を推定することはできない。AICはもともと低い次数を選択する傾向にあるため同図のような結果になったことが考えられる。定常信号の解析では低い次数でも問題はないが生体情報信号は非定常信号であるため、低い次数での安定した心拍数推定は難しい。従って、準最適な次数を2番目に高い級の級中央値である194を準最適な次数と判断できる。

次に呼吸信号の抑圧を行うために用いた多重解像度解析について説明を行う。多重解像度解析は信号を低周波信号と高周波信号に分けることで任意のレベルまで分解し、解析を行う。処理前の生体情報信号を図7-10に示す。生体情報信号から呼吸信号を抑圧するために多重解像度解析を用いてレベル7まで分解した7つの詳細係数を図7-11に示す。心

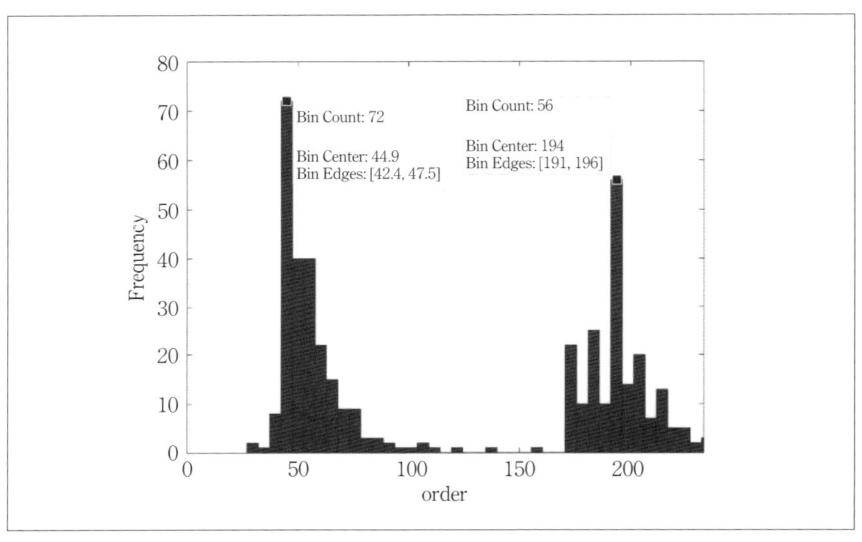

〔図7-9〕AICヒストグラム

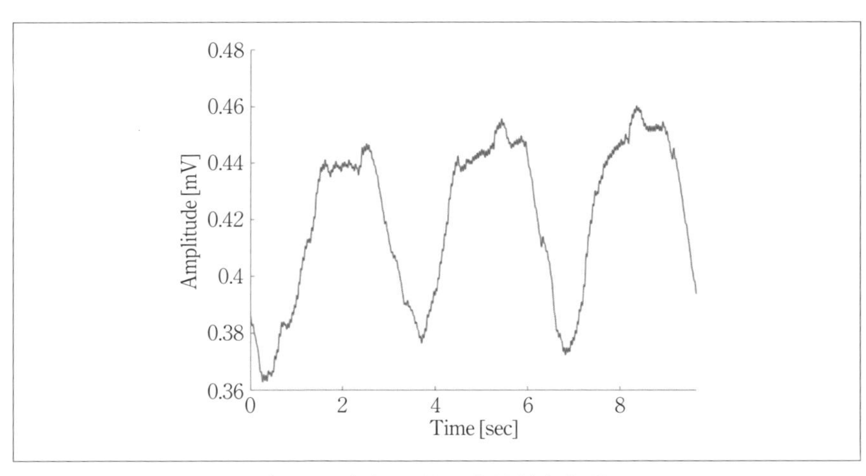

〔図7-10〕処理前の生体情報信号

拍信号と呼吸信号は、それぞれ0.8Hz～1.6Hzおよび0.1Hz～0.5Hzの周波数成分に存在する。分解された生体情報信号はレベル6と7の詳細係数を用いて再構成され、呼吸信号を抑圧する。再構成された生体情報信号は約0.8Hz～3.2Hzの周波数成分を有するので、元の生体情報信号から呼吸信号の周波数成分をカットすることによって呼吸信号を抑圧できる。再構成した結果を図7-12に示す。FIRフィルタであるバンドパスフィルタを用いても呼吸信号の抑圧を行うことは可能であるが、呼吸信号は非常に振幅が大きい信号であり、かつ心拍信号と呼吸信号が存在する周波数帯域が近接していることから、急なフィルタを設計する必要がある。しかし、急なフィルタを設計するにはフィルタ係数を高くする必要

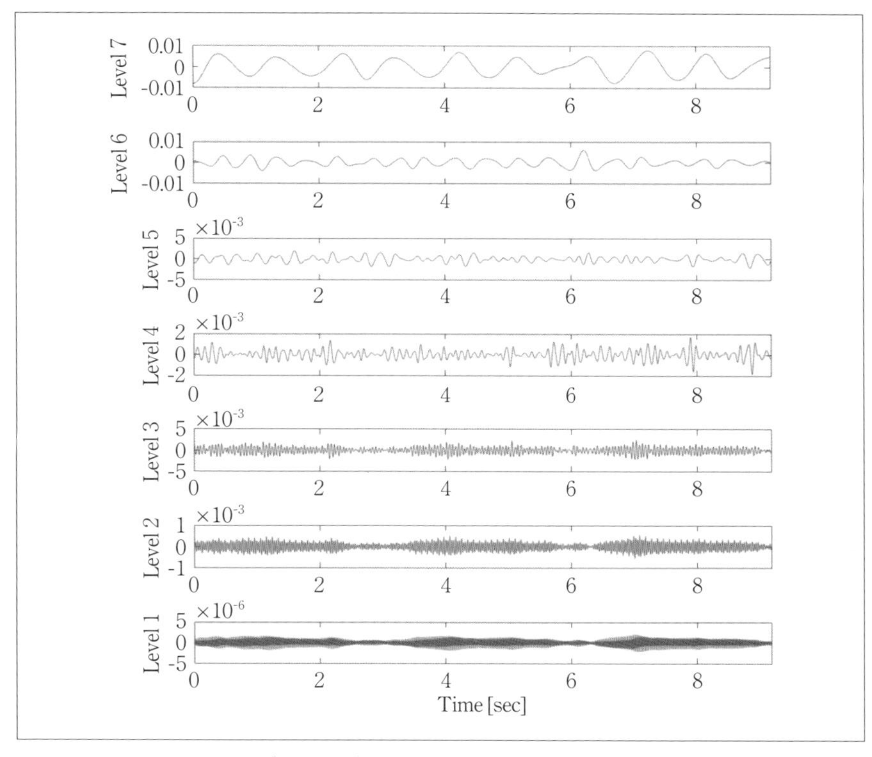

〔図7-11〕分解した生体情報信号

があるため非定常な信号のフィルタリングには不向きである。またローパスフィルタによって呼吸信号を取り出し、原信号から差分をする手法もあるが、差分することでSN比が劣化してしまうため望ましくない。そのため、多重解像度分析を用いることによりこれらの問題を回避できると考えられる。

(3) 監視システム

実験は図7-13に示すブロック図に従って心拍数推定を行う。初めにレンジプロファイルから最大強度法とサンプリングダイバーシティによって最適な生体情報信号を計測する。この生体情報信号に対して推定精度改善のために多重解像度解析を用いて呼吸信号の抑圧を行う。その後、バーグ法を用いて約3.2秒間の信号からPSDを求めて、心拍数の基本周波数を推定する。その後、約3.2秒間のフレームを約1.4秒ずつずらしながら連続して推定を行う。

7．3．2　検知特性

(1) 実験方法

4人の被験者に対して実証実験を行った。実験シナリオはアンテナから約1m離れた位置に座る被験者に対して計測中に被験者が動いた場合

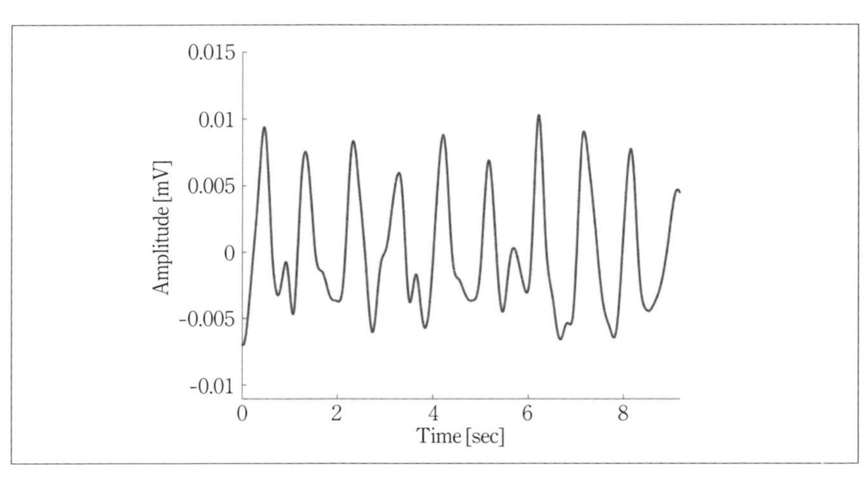

〔図7-12〕再構成した信号

でもサンプリングダイバーシティにより継続して心拍数が推定可能であることを確認するために計測開始20秒後、被験者は初期位置から後方へ約0.2m移動している。計測は約40秒間行われる。また比較評価のために接触式センサを用いて同時に心拍数を計測し、実測値（真値）と比較する。また実験風景を図7-14に示す。本実験は机や棚が配置された屋内環境で計測を行っており、アンテナは被験者に対して正面方向に配置した。

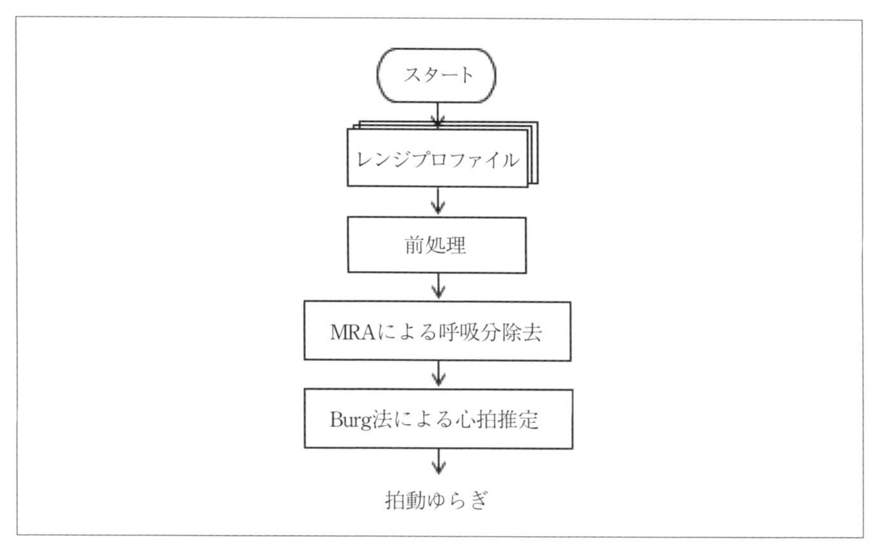

〔図7-13〕拍動推定のブロック図

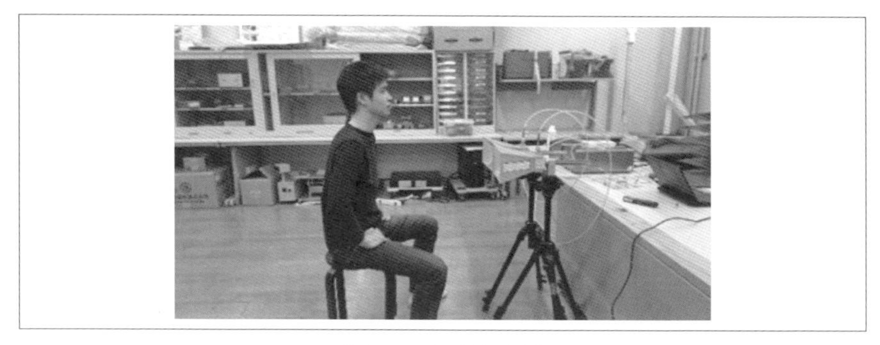

〔図7-14〕実験光景

(2) 実験結果

図 7-15 はレンジプロファイルを観測時間ごとに並べたものである。約 20 秒の時点で人が大きく動き、後方へ移動したことが確認できる。図 7-16 はレンジプロファイルより計測した生体情報信号である。約 20 秒の時点で体位変動による大きな時間波形の乱れを確認できるが、移動後に被験者が静止することで、サンプリングダイバーシティによって再び最適な生体情報信号を計測することが可能である。図 7-17 はバーグ法により求めた PSD である。これより心拍数の基本周波数の推定を行い、フレームをずらしながら連続して推定を行うことにより心拍変動波形を推定できる。図 7-17 に 4 名の被験者の実験結果を示す。同図より被験者 4 人の推定結果は概ね真値と一致しており、各被験者の詳細な推定結果を Table.7-2 に示す。4 人の被験者の推定結果と真値の相関係数を平均すると、0.952 であり、推定誤差の平均値は 0.75% である。以上より本システムによって 2 ～ 3 拍間隔で心拍周期を推定し、その推定誤差は 2% 以下である。

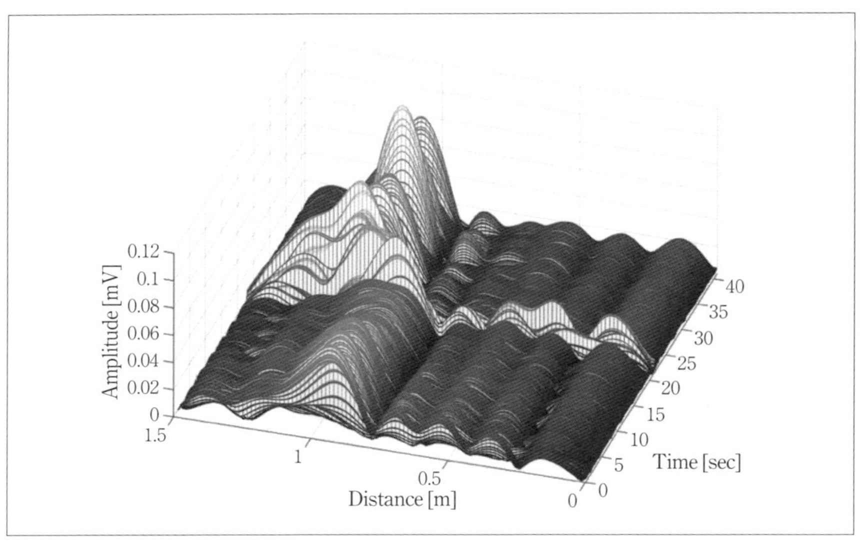

〔図 7-15〕レンジプロファイルの時系列信号

しかしながら、図 7-18 より被験者の身体が大きく動いた後、一時的に心拍数は推定ができていない。電波センサでは身体の表面の微小な動きを捉えて生体情報信号を計測しているので、身体がダイナミックに動いている間は体動信号に心拍信号が完全に埋もれてしまい心拍数の推定

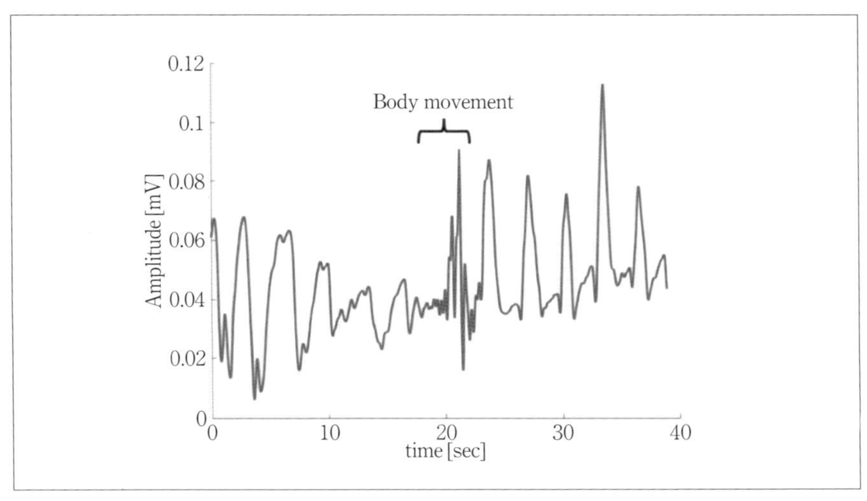

〔図 7-16〕生体信号

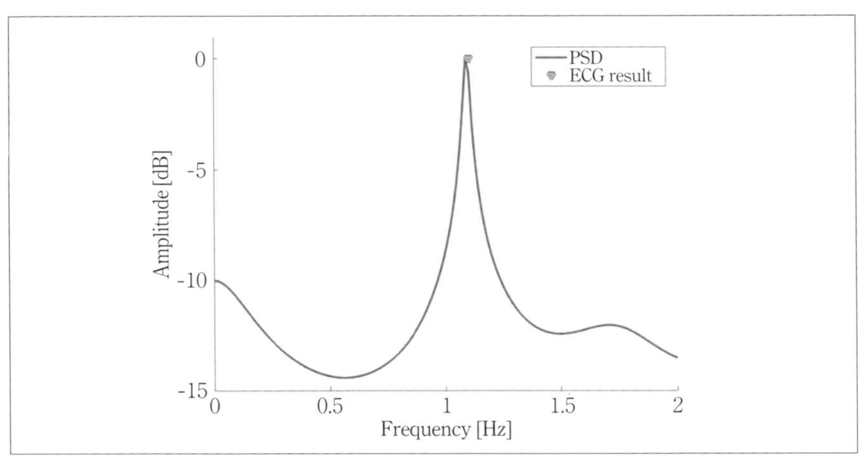

〔図 7-17〕生体信号の周波数スペクトル

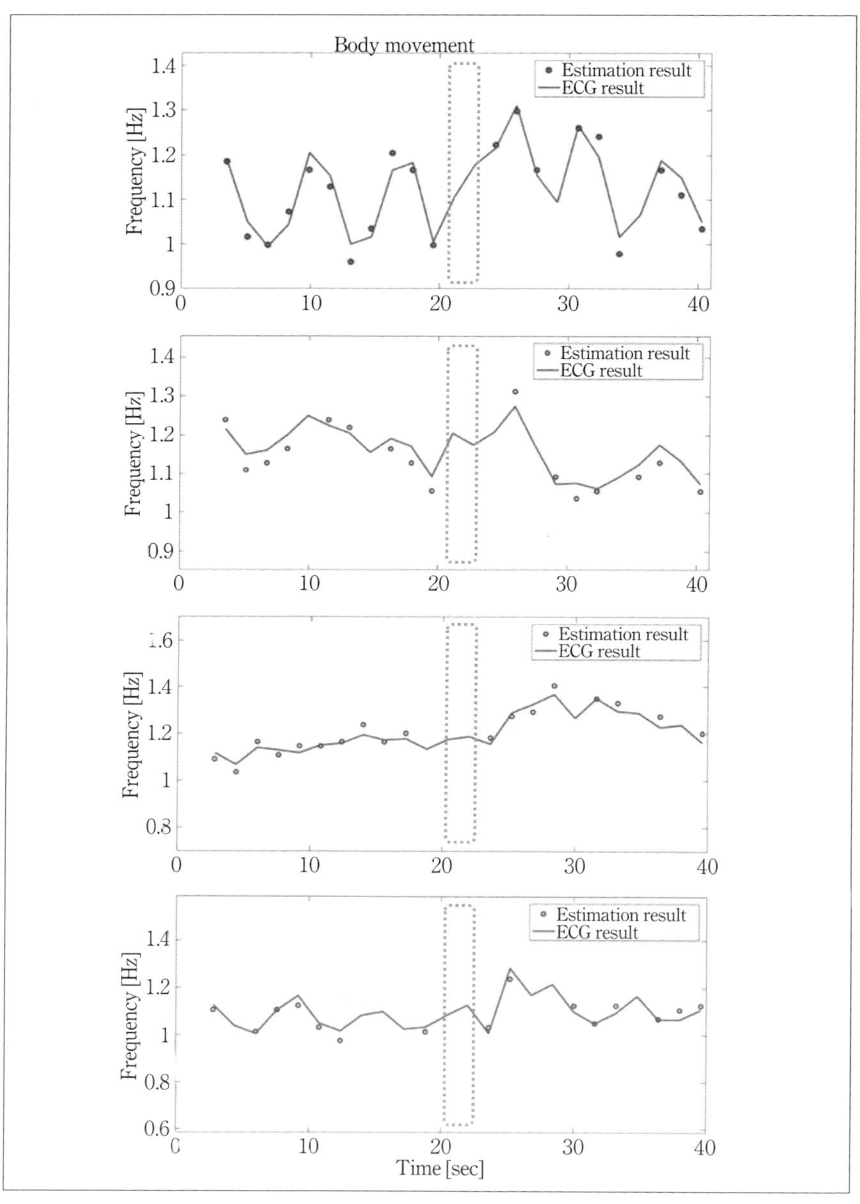

〔図 7-18〕途中で体を大きく動かし場合の拍動推定結果

は難しい。しかし、サンプリングダイバーシティを用いることで被験者が移動したあとでも即座に監視しているサンプルを切り替えることで再び最適な生体情報信号を計測できるため、若干の遅延はあるが被験者の体動があっても連続して心拍推定を行うことができることを確認した。また同図より体動があった区間以外に心拍を推定できていない区間があることが確認できる。この原因として今回の計測では背もたれのない椅子で計測を行っていることから、被験者の身体は椅子に座っている間、小さく動いており身体が反った時に心拍信号の信号強度が著しく下がることが確認されているので、この影響であると考えられる。また体表面に表れる心臓の動きによる変動は非常に微小であるため、レーダの変動を捉えることができる分解能を超えたのではないかと考えられる。

表7-4より平均した相関係数は0.9を超えており、また推定誤差についても医療用機器の許容誤差が5%であることと比較すると誤差は十分に小さい。以上より提案されたシステムによって2～3拍間隔で心拍周期を推定し、その推定誤差は2%以下であることを確認した。また被験者の移動前後でも高精度に心拍数を推定できていることから、被験者がアンテナ正面に着座していれば移動の有無に関わらず連続した検知が可能である。

以上より、耐干渉に優れ、簡易な回路構成であるステップドFM電波センサにより椅子に座った被験者の心拍数を遠隔から監視することができる。また、最大強度法とサンプリングダイバーシティを用いることによって体動など体が動いても安定して心拍数を監視することができる。実験では、多重解像度解析を用いて呼吸信号の抑圧を行い、短時間の生体情報信号をバーグ法により周波数解析することで推定された心拍数は

〔表7-4〕4人の被験者の拍動推定誤差

	Correlation	Estimationerror [%]
Subject 1	0.963	0.627
Subject 2	0.952	1.362
Subject 3	0.958	0.219
Subject 4	0.935	0.791

ECGと比較して、相関係数0.9以上、推定誤差2%以下であることを確認している。また、UWBセンサは心拍数の推定だけでなく、推定した心拍変動波形よりストレス評価、入眠予測を行う簡易的な健康管理システムにも応用可能である。

参考文献

[1] G. Ossberger, T. Buchegger, E. Schimback, A. Stelzer, and R.Weigel: “Non-invasive Respiratory Movement Detection andMonitoring of Hidden Humans using Ultra Wideband PulseRadar” , Proc of IWUWBS, FA3-4, pp.395-399（2004-4）

[2] 東桂木謙治・中畑洋一朗・松波勲・梶原昭博, “超広帯域無線を用いた呼吸監視特性について”, 電学論C, Vol.129, No.6, pp.1056-1061（2009）.

[3] N. Shimomura, M. Otsu, A. Kajiwara, “Empirical study of remote respiration monitoring sensor using wideband system” , International Conference on Signal Processing and Communication Systems、（2012）.

[4] E.Sasaki and A.Kajiwara, “Multiple Respiration Monitoring by Stepped-FM UWB Sensor” , Computational Intelligence, Communication and Information Technology（CICIT2015）, Jan.2015.

[5] S. Kazemi, A. Ghorbani, H. Amindavar, and C. Li, “Cyclostationary approach to Doppler radar heart and respiration rates monitoring with body motion cancelation using Radar Doppler System” , Biomedical Signal Processing and Control, p79-88（2014）

[6] 渋谷七海, 佐藤宏明, 恒川佳隆, 本間尚樹, “マイクロ波による非接触計測の生体信号に対するパラメトリック推定”, 計測自動制御学会東北支部, 288-4,（2012）

[7] T. Sakamoto, R. Imasaka, H. Taki, T. Sato, M. Yoshioka, K. Inoue, T. Fukuda, and H. Sakai “Feature-Based Correlation and Topological Similarity for Inter-beat Interval Estimation Using Ultrawideband Radar” , IEEE Transactions on Biomedical Engineering, Volume:63, p747-757,（2015）.

[8] 魚本雄太, 梶原昭博, “ステップドFMセンサによる拍動推定” , 電気

学会論文誌 C, Vol.138, No.7, pp921-926, 平成 30 年 7 月
[9] 中村僚兵 , 梶原昭博 ,“ステップド FM 方式を用いた超広帯域マイクロ波センサ”, 電子情報通信学会論文誌 B, Vol.J93-B, No2, pp274-282, Feb.2011
[10] 日野幹雄 ,“スペクトル解析”, 朝倉書店,（1977）
[11] 坂元慶行 , 石黒真木夫 , 北川源四郎 , “情報量統計学” , 共立出版 ,（1983）

索引

あ

い

う

か

き

く

け

こ

さ

し

す

せ

そ

た

ち

つ

て

と

に

ね

は

ひ

ふ

へ

ほ

ま

み

め

も

ゆ

ら

り

れ

■ 著者紹介 ■

梶原 昭博（かじわら あきひろ）

北九州市立大学国際環境工学部　教授。

慶應義塾大学大学院博士課程修了（工博）。茨城大学工学部教授を経て、2001年4月北九州市立大学国際環境工学部教授。2008年4月から現職。この間、1992年～1994年カナダ国・カールトン大学。これまでマイクロ波やミリ波による無線通信や通信ネットワーク、電波伝搬、レーダシステムなどの研究開発に従事。

●ISBN 978-4-904774-41-0

㈱デンソー　松橋 肇　著

設計技術シリーズ

車載用半導体センサ入門

本体 3,800 円＋税

発行／科学情報出版（株）

●ISBN 978-4-904774-76-2

月刊EMC編集部 編集

設計技術シリーズ

車載機器のEMC技術

ー低ノイズ・省エネルギーの実現方法ー

本体 3,700 円 + 税

第1章 パワー半導体とEMC フルSiCハイブリッド車時代に要求されるEMC技術
1．はじめに／2．ノイズ評価方法／3．伝導性ノイズ評価／4．放射性ノイズ評価／5．まとめ

第2章 車載機器の無線通信利用の拡大とEMC 自動車ハーネスの無線化と車外漏洩
1．まえがき／2．自動車を取り巻く電波環境と無線ハーネス／3．無線ハーネスと干渉／4．車外への漏洩／5．まとめ

第3章 自動車のAMラジオノイズの把握 車両における ラジオノイズ源の可視化技術
1．はじめに／2．ハーネスから放射される不要放射と誘導電流／3．計測アルゴリズム／4．コヒーレント信号源の分離／5．複雑な3次元形状を持つ金属面上を流れる電流分布の推定／6．むすび

第4章 ECUのEMC設計 車載電子機器の EMC設計を実現するEDA
1．はじめに／2．自動車の電子制御とEMC／3．EMC対応機能の実際／4．システムレベルEMC設計のためのEDA要件／5．EDAツールを使ったECU適用事例／6．まとめ

第5章 ～自動車ECUに使用～ 車載向けマイコンのEMC設計と対策事例
1．まえがき／2．当社マイコンにおけるEMC設計への取り組み／3．LSIのEMC評価について／4．電波照射試験での事例とその対策

第6章 自動車などでも活用が見込める 空間電磁界測定技術 鉄道電源のEMC
1．はじめに／2．近傍電磁界測定と遠方電磁界測定／3．空間電磁界測定／4．空間測定の応用／5．あとがき

第7章 自動車、バス向けワイヤレス給電 自動車の 無線電力伝送技術とEMC
1．はじめに／2．ワイヤレス給電の原理と事例／3．EV用ワイヤレス給電の課題／4．EVでの今後の展開／5．おわりに

第8章 人体にも安全安心 「電磁波被爆の防止」 車載デバイスEMS試験ロボット 「ティーチング支援システム」
1．試験システム概要／2．3Dセンサーで被試験機器を“撮影”／3．撮影したデータから被試験機器の外装面を“作画”／4．アンテナが外装面の上空を周回するロボットの軌道を生成／5．自動運転／6．誤動作付帯情報を記録／7．電磁波被爆防止／8．まとめ

第9章 民生EMCと車載機器EMCの相違点1 国内外規格と試験概説
1．はじめに／2．国際規格／3．欧州規格／4．米国規格／5．国内規格／6．UNECE(United Nation European Commission for Europe)
7．品目別対象規格と規制

第10章 民生EMCと車載機器EMCの相違点2 民生機器と車載機器の エミッション規格と測定方法の比較
1．エミッション規格の測定項目／2．CISPR 22規格／3．まとめ

第11章 民生EMCと車載機器EMCの相違点3 民生機器と車載機器の イミュニティ規格と試験方法の比較
1．イミュニティ規格の試験項目／2．性能基準／3．静電気放電(ESD)イミュニティ／4．放射RF電磁界イミュニティ／5．RF伝導イミュニティ／6．その他の伝導イミュニティ／7．磁界イミュニティ／8．まとめ

発行／科学情報出版（株）

●ISBN 978-4-904774-51-9

一般社団法人 電気学会
スマートグリッドとEMC調査専門委員会 編集

設計技術シリーズ

スマートグリッドとEMC

―電力システムの電磁環境設計技術―

本体 5,500円＋税

1．スマートグリッドの構成とEMC問題

2．諸外国におけるスマートグリッドの概況
2.1 米国におけるスマートグリッドへの取り組み状況
2.2 欧州におけるスマートグリッドへの取り組み状況
2.3 韓国におけるスマートグリッドへの取り組み状況

3．国内における スマートグリッドへの取り組み状況
3.1 国内版スマートグリッドの概況
3.2 経済産業省によるスマートグリッド／コミュニティへの取り組み
3.3 スマートグリッド関連国際標準化に対する経済産業省の取り組み
3.4 総務省によるスマートグリッド関連装置の標準化への対応
3.5 スマートグリッドに対する電気学会の取り組み
3.6 スマートコミュニティに関する経済産業省の実証実験
3.7 スマートコミュニティ事業化のマスタープラン
3.8 NEDOにおけるスマートグリッド／コミュニティへの取り組み
3.9 経済産業省とNEDO以外で実施された スマートグリッド関連の研究・実証実験

4．IEC(国際電気標準会議)における スマートグリッドの国際標準化動向
4.1 SG3(スマートグリッド戦略グループ)から SyC Smart Energy(スマートエネルギーシステム委員会)へ
4.2 SG6(電気自動車戦略グループ)
4.3 ACEC(電磁両立性諮問委員会)
4.4 TC 77(EMC規格)
4.5 CISPR(国際無線障害特別委員会)
4.6 TC 8(電力供給に係わるシステムアスペクト)
4.7 TC 13(電力量計測、料金・負荷制御)
4.8 TC 57(電力システム管理および関連情報交換)
4.9 TC 64(電気設備および感電保護)
4.10 TC 65(工業プロセス計測制御)
4.11 TC 69(電気自動車および電動産業車両)
4.12 TC 88(風力タービン)
4.13 TC 100(オーディオ、ビデオおよびマルチメディアのシステム／機器)
4.14 PC 118(スマートグリッドユーザインターフェース)
4.15 TC 120(Electrical Energy Storage Systems：電気エネルギー貯蔵システム)
4.16 ISO/IEC JTC 1 (情報技術)

5．IEC以外の国際標準化組織における スマートグリッドの動向
5.1 ISO/TC 205（建築環境設計）における スマートグリッド関連の取り組み状況
5.2 ITU-T(国際電気通信連合の電気通信標準化部門)
5.3 IEEE(電気・電子分野での世界最大の学会)における スマートグリッドの動向

6．スマートメータとEMC
6.1 スマートメータとSNS連携による再生可能エネルギー利活用促進基盤に関する研究開発 （愛媛大学）
6.2 スマートメータに係る通信システム
6.3 暗号モジュールを搭載したスマートメータからの情報漏えいの可能性の検討

7．スマートホームとEMC
7.1 スマートホームの構成と課題
7.2 スマートホームに係る通信システム
7.3 電力線重畳型認証技術 （ソニー）
7.4 スマートホームにおける太陽光発電システム (日本電機工業会)
7.5 スマートホームにおける電気自動車充電システム
7.6 スマートホーム・グリッド用蓄電池・蓄電システム (NEC：日本電気)
7.7 スマートホーム関連設備の認証 (JET：電気安全環境研究所)
7.8 スマートホームにおけるEMC
7.9 スマートグリッドに関連した 電磁界の生体影響に関わる検討事項

8．スマートグリッド・スマートコミュニティとEMC
8.1 スマートグリッドに向けた課題と対策 (電力中央研究所)
8.2 スマートグリッド・スマートコミュニティに係る 通信システムのEMC
8.3 スマートグリッド関連機器のEMCに関する取組み (NICT：情報通信研究機構)
8.4 パワーエレクトロニクスへのワイドバンド ギャップ半導体の適用とEMC(大阪大学)
8.5 メガワット級大規模蓄発電システム(住友電気工業)
8.6 再生可能エネルギーの発電量予測と IBMの技術・ソリューション

付録 スマートグリッド・コミュニティに対する 各組織の取り組み
A 愛媛大学におけるスマートグリッドの取り組み
B 日本電機工業会における スマートグリッドに対する取り組み
C スマートグリッド・コミュニティに対する東芝の取り組み
D スマートグリッドに対する三菱電機の取り組み
E スマートシティ／スマートグリッドに対する 日立製作所の取り組み
F トヨタ自動車のスマートグリッドへの取り組み
G デンソーのマイクログリッドに対する取り組み
H スマートグリッド・コミュニティに対するIBMの取り組み
I ソニーのスマートグリッドへの取り組み
J 低炭素社会実現に向けたNECの取組み
K 日本無線(JRC)における スマートコミュニティ事業に対する取り組み
L 高速電力線通信推進協議会における スマートグリッドへの取り組み

発行／科学情報出版（株）

●ISBN 978-4-904774-75-5

月刊EMC編集部　編集

設計技術シリーズ

電源系のEMC・ノイズ対策技術

本体 3,700 円＋税

第１章　ノイズ実態の把握と対策　電源におけるEMC対策と実例
1．はじめに
2．EMIについて
3．EMI対策と実例（進め方）
4．最後に

第２章　障害事例と対策　電源の高調波対策
1．はじめに
2．高調波電流による障害と規制
3．高調波対策の種類
4．インダクタ電流連続モードPFCコンバータ
5．デジタル制御方式
6．ブリッジレスPFCコンバータ
7．おわりに

第３章　ノイズ源の把握から行う対策　交流電源系におけるノイズの基礎知識と対策手法について
1．はじめに
2．電源ノイズの種類
3．一過性のノイズと連続性のノイズ
4．ノイズの伝搬径路とループ
5．ノイズ対策を失敗しないために
6．ノイズ対策の三要素
7．ノイズトラブルの全体像
8．おわりに

第４章　スイッチング電源とEMC　ノッチ周波数を有するスイッチング電源のEMC低減スペクトラム拡散技術
1．はじめに
2．スイッチング電源と従来スペクトラム拡散技術
3．パルス幅コーディング方式スイッチング電源
4．各種パルスコーディング方式スイッチング電源
5．パルスコーディング方式におけるノッチ特性の理論的解析
6．パルス幅コーディングPWC方式電源の実装検討
7．現状の特性と今後の課題

第５章　スイッチングノイズ対策法　疑似アナログノイズを用いたスペクトラム拡散によるスイッチング電源のEMI低減化
1．はじめに
2．従来のディジタル的なスペクトラム拡散技術
3．擬似アナログノイズによるスペクトラム拡散技術
4．擬似アナログノイズの周期性拡張による拡散効果の改善
5．現状の特性と今後の課題

第６章　スイッチング電源のノイズ事例　鉄道電源のEMC
1．はじめに
2．EMCとは
3．鉄道電源のEMC対策
4．IEC 62236規格の概要
5．鉄道車両の特異性
6．鉄道電源のEMC対策
7．EMC障害の事例
8．EMC対策の課題とまとめ

第７章　電源ノイズ対策手法　低電圧・高速化が進むメモリインタフェースの低ジッタ設計
1．はじめに
2．実装起因ノイズとジッタの関係
3．ターゲットインピーダンスの考え方と課題
4．周波数分割ターゲットインピーダンス導出手法とその評価結果
5．まとめ

第８章　半導体、電源ノイズ事情　VLSI電源ノイズの観測・解析と究明
1．はじめに
2．電源ノイズのオンチップモニタ技術
3．電源ノイズの統合解析技術
4．VLSIチップの電源ノイズ
5．まとめ

第９章　情報機器向けUPSの活用による電源ノイズ対策事例
1．はじめに
2．UPSの種類
3．PCに搭載されているスイッチング電源の動向
4．PFC電源とは
5．UPSの出力電圧波形について
6．PFC電源を搭載した機器
7．無停電電源装置(UPS)を用いた電源障害の対策事例
8．最後に

発行／科学情報出版（株）

●ISBN 978-4-904774-39-7

産業技術総合研究所　蔵田 武志
大阪大学　清川 清　監修
産業技術総合研究所　大隈 隆史　編集

設計技術シリーズ

AR(拡張現実)技術の基礎・発展・実践

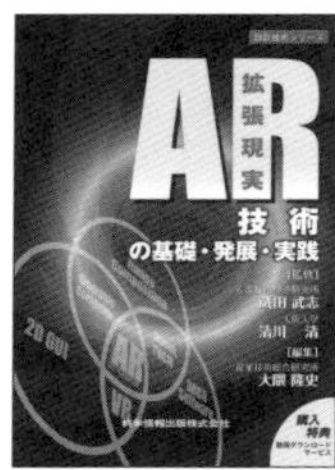

本体 6,600 円＋税

発行／科学情報出版（株）

●ISBN 978-4-904774-60-1

筑波大学 岩田 洋夫 著

設計技術シリーズ

VR実践講座

HMDを超える４つのキーテクノロジー

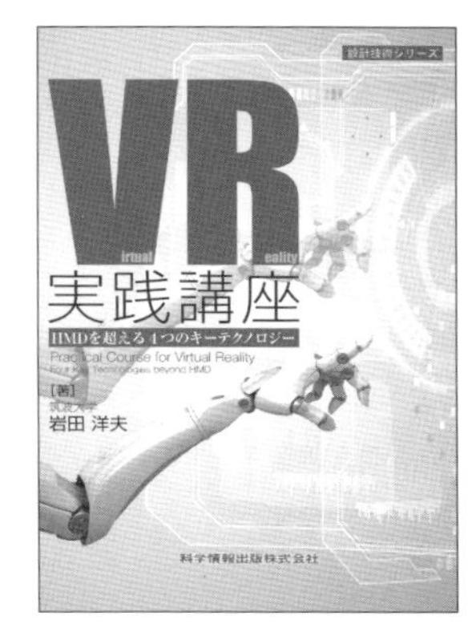

本体 3,600 円＋税

発行／科学情報出版（株）

設計技術シリーズ
ミリ波レーダ技術と設計
ー車載用レーダやセンサ技術への応用ー

2019年3月22日　初版発行

著　者　梶原　昭博　©2019

発行者　松塚　晃医
発行所　科学情報出版株式会社
〒300-2622　茨城県つくば市要443-14 研究学園
電話　029-877-0022
http://www.it-book.co.jp/

ISBN 978-4-904774-77-9　C2055